博碩文化

博碩文化

博碩文化

博碩文化

# 10天學會
# Ruby
# on Rails
## Web 2.0網站架設速成

劉至浩、孫以陶 著　暢銷回饋版

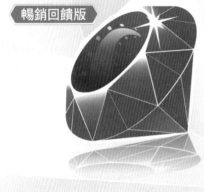

10天學會
Ruby
on Rails
Web 2.0網站架設速成

暢銷回饋版

本書如有破損或裝訂錯誤，請寄回本公司更換

作　　　者：劉至浩、孫以陶
責 任 編 輯：曾婉玲

發　行　人：詹亢戎
董　事　長：蔡金崑
顧　　　問：鍾英明
總　經　理：古成泉

出　　　版：博碩文化股份有限公司
地　　　址：(221) 新北市汐止區新台五路一段 112 號
　　　　　　10 樓 A 棟
　　　　　　電話 (02) 2696-2869　傳真 (02) 2696-2867

發　　　行：博碩文化股份有限公司
郵 撥 帳 號：17484299
戶　　　名：博碩文化股份有限公司
博 碩 網 站：http://www.drmaster.com.tw
服 務 信 箱：DrService@drmaster.com.tw
服 務 專 線：(02) 2696-2869 分機 216、238
　　　　　　（週一至週五 09:30 ～ 12:00；13:30 ～ 17:00）

版　　　次：2016 年 7 月二版一刷

建議零售價：新台幣 300 元
I S B N：978-986-434-135-1
律 師 顧 問：鳴權法律事務所 陳曉鳴

國家圖書館出版品預行編目資料

10 天學會 Ruby on Rails：Web2.0 網站架設速成 /
劉至浩, 孫以陶著. -- 二版. -- 新北市：博碩文化,
2016.07
　面；　公分

ISBN 978-986-434-135-1( 平裝 )

1. 全球資訊網 2. 電腦程式 3. 資料庫設計

312.1695　　　　　　　　　　　　105012997

Printed in Taiwan

博碩粉絲團

歡迎團體訂購，另有優惠，請洽服務專線
(02) 2696-2869 分機 216、238

# 前言

學寫程式是一件非常困難並且又讓人恐懼的一件事情。就像是學習一個語言一樣，因為所需的時間及工程乍看之下好像太大了，根本不知道從哪裡開始。以我而言，我花了很多年才把寫程式這檔事搞懂。我一開始學的其實是 HTML/CSS + PHP，而那路程回想起來非常困難。

對一個讀電機出身的人而言，雖然對軟體有一點點概念，不過少到其實幾乎沒有任何的概念。所以，我能理解很多剛開始想學寫程式，但讀了很多本書之後，還是不知道怎麼開始的人，因為我曾經就是那樣的人。可以說寫程式這個問題在我的生命中持續困擾了很多年，直到我真正開始懂得怎麼學寫程式。我經過多年後學到的重點即「最好的學習方式就是實做」。這本書的用意就是想要幫助跟我當年一樣、不知道怎麼開始學習的人來走出第一步。讀多少的書都沒有用。實際作戰經驗會比讀100本書要有效果。

我在一開始學習的時候，心裡面其實是有一個我想要做的 App（這是學寫程式很重要的一環），這樣我的目標更加明確，而且每天早上起床時我會知道我要做的下一個功能。我剛開始的學習方式是上網路找一些符合我要做的功能的實做教學，然後也沒有花太多的時間了解裡面的基礎及概念。我只是先把需要的功能寫法現學現用，然後迅速地把我要寫的 App 完成。

透過實做，當完成第一個 Ruby on Rails 的 App 的時候，我已經學會怎麼利用現有的資源去完成一個 App。另外，我也走出了最困難的第一步，那就是面對我心中對 Ruby on Rails 一開始的恐懼與迷失。走完第一步後，其實剩下的都比較簡單了。你只要一直用這個方法學習，那你就會成長並學習得很快。

一個人怎麼學會當一個好爸爸、好媽媽、好男朋友或是好女朋友呢？一個人怎麼學會當一個好的 CEO 呢？說真的在你沒有當過、做過之前，你所讀的及學的，通常會跟現實有一段差距。實做才是最重要的。所以呢，要學會當一個好的軟體工程師，就是要直接下手去寫一個 App/網站。這是我覺得學習 Ruby on Rails 最快的方式。學習寫程式最好的方式就是這三個步驟：寫程式、除錯、學習。學習的過程中其實就是這三件事情，重複的循環。在本書中，我們就是要幫助你透過實做，在最短的時間踏出最困難的第一步。

在學寫程式的時候，不用太緊張，不用全部都背下來。了解一個電腦語言背後的邏輯及概念比文法或是命令重要多了。程式語言的文法在版本更新之後很常都會更改，所以我們最重要的是了解一個程式語言是如何運作。例如說，像我，或是很多的工程師寫程式的時候，其實都會把之前寫過的程式放在手邊，需要的時候可以直接複製或是複習。

所以，本書的特點就是幫助並且引導你實做 Ruby on Rails，完成你的第一個專業級網站(像Twitter或是微博這樣的網站)，讓你對寫程式不再恐懼。

我們堅持實作，而不只是死學習(Show, not tell)，所以就算你的基礎不深，只要你有決心，那我保證你一定可以學會 Ruby on Rails。學一個電腦語言本來就跟學語言一樣，需要不停地練習、不停地使用。所以，如果你中途覺得很困難，不要害怕，這是每個人都會遇到的瓶頸。只要有努力及堅持，你一定可以突破的！

還有，我們只會教製作網站所需的知識，不同於大多數的教科書，我們相信學太多用不到的知識反而對你沒有太大的幫助而且只會讓你更迷失。

你可以加入我們的臉書。如果有問題的話，可以在這裡發問，或是也可以跟其他的學員交流：https://www.facebook.com/groups/codecampio/。

本書所使用的程式碼，請到以下網址下載使用：

1.https://github.com/codecampio/sample_app

2.https://github.com/codecampio/codecamp

# 目錄

## CHAPTER 01　Ruby on Rails 介紹與五分鐘架站

# CHAPTER 02  **Ruby 快速上手**

# CHAPTER 03 模型（建立用戶、密碼）

# CHAPTER 04 檢視、控制器
## （用戶註冊、登入、登出）

# CHAPTER 05 用戶與貼文

# CHAPTER 06　關注用戶

*CHAPTER 07*　**Gems 插件：**
　　　　　　　**資料分頁（Pagination）、**
　　　　　　　**搜尋（Search）、Ajax**

*CHAPTER 08*　**除錯與測試**

# CHAPTER 01

# Ruby on Rails介紹與五分鐘架站

# 1.1　為什麼Ruby on Rails是現在最熱門的程式語言

　　Ruby on Rails 是近幾年最熱門的電腦程式語言。它的追隨者對它的熱衷已經可說是用狂熱來形容了。很多會寫程式的達人也都紛紛開始學習並且轉到 Ruby on Rails 的程式平台。

　　那麼到底為什麼有那麼多人開始使用 Ruby on Rails 呢？以下說明一些大概的原因。其他的原因則當你慢慢深入到我們的課程裡面，就可以體會到為什麼 Ruby on Rails 是一個比其他程式語言簡單學並且卓越的強大平台。

1. Ruby on Rails 是一個能快速幫你把你的主意從夢想變成一個產品（From Zero to Product）。原先需要做一個禮拜的功能，或許幾個小時就可以做好了。而且它是一個非常人性化而且又好學的電腦語言。

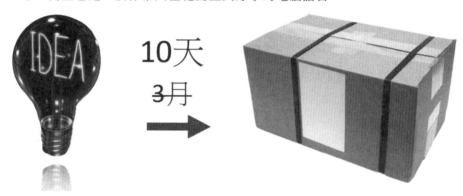

圖1.1　快速將點子開發成產品

2. Ruby on Rails 是一個非常有主見的天才僕人，像是蝙蝠俠的老僕阿爾弗雷德。他會自動幫你規劃及減少負擔。細微的事情它會做，你只要寫重點就好了。它比過去你需要所有的程序都自己寫的觀念先進許多。

圖1.2　Rails 就像是天才愛因斯坦

3. Ruby on Rails 有很大的社群在維持，而這個社群裡有許多的高手已經把很多的功能做好，然後包裝成插件**gems**(寶石)，讓你可以直接套用。這樣你可以大幅地減少工作時間，迅速開發。

用戶註冊　　　　　　　　　　　　　社群功能

播放影片　　　　　　　　　　　　　檔案上傳

圖1.3　Rails 的社群分享很多現成的功能插件

4. Ruby on Rails 讓你不用重複寫功能。Rails有很多方法把你寫過一次的程式運用在很多不同的地方，讓你不用多花時間寫重複的功能。

圖1.4　Rails 讓你不用浪費時間

本書中會介紹的語言版本：Ruby 2.0.0 及 Rails 4.0.0。

其他為什麼你應該要學寫程式的理由：

1. 在美國的統計，工程師(就算你不是頂尖的)的平均年薪高達280萬台幣。所以，學會寫程式真的是一個可以給你就業保障的一個技能。

2. 全世界都在缺工程師，特別是 Ruby on Rails 的工程師。在2013年8月20日的一個統計指出，美國一年至少有 150,000 個軟體工程師工作，但其中只有接近 40,000 個會寫軟體的畢業生候選人。

| Glassdoor 報告: 軟體工程師基本工資比較表 | | |
|---|---|---|
| 公司 | 2012 平均年薪 (美金) | 台幣 |
| 全國平均 | $92,648 | $2,779,440 |
| Amazon | $103,070 | $3,092,100 |
| Apple | $114,413 | $3,432,390 |
| Cisco | $101,909 | $3,057,270 |
| eBay | $108,809 | $3,264,270 |
| Facebook | $123,626 | $3,708,780 |
| Google | $128,336 | $3,850,080 |
| Hewlett-Packard | $95,567 | $2,867,010 |
| IBM | $89,390 | $2,681,700 |
| Intel | $92,194 | $2,765,820 |
| Intuit | $103,284 | $3,098,520 |
| Microsoft | $104,362 | $3,130,860 |
| Oracle | $102,204 | $3,066,120 |
| QUALCOMM | $98,964 | $2,968,920 |
| Yahoo | $100,122 | $3,003,660 |
| Zynga | $105,568 | $3,167,040 |

圖1.5　美國 2012年平均薪水

3. 美國是世界的科技大國，連 Obama 都呼籲全民開始做寫程式運動，因為未來的發展要靠軟體才會進步。

4. 現在的失業率還是很高，而且經濟也有下滑的趨勢，網路創業是一個不錯的選擇。

5. 像賺錢的 IBM 公司，它們都不完全在賣硬體了，其實是在賣軟體。它的硬體才賣幾萬塊，但它的軟體就要賣幾十萬塊。可以看出軟體的需求及價值比硬體高很多。

6. 軟體可以連接全世界，你只要有一台電腦就可以開始開發產品了。

## 1.2 我們要完成的微博／Twitter 網站

我們在這本書裡面要完成微博/Twitter網站，我們的網站可以讓用戶註冊、登入、登出。他們還可以貼短文，並關注其他的用戶與他們寫的短文。

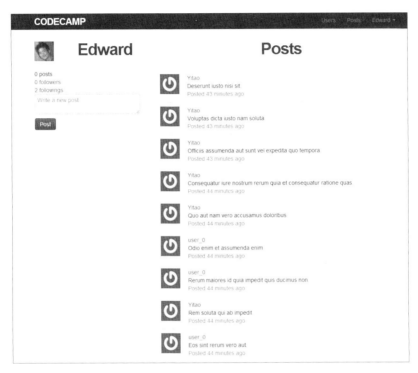

圖1.6　我們在這個課程裡面要製作的網站截圖

## 1.3 MVC：模型(Model)、檢視(View)、控制器(Controller)

在第一個單元裡，我們會先做一些簡單的 Ruby on Rails 介紹，然後再示範 Rails 如何可以在很短的時間內初始化一個 App，然後把它上線。在一整個課程裡，我們希望你可以跟著我們一起做。我們做什麼，你就做什麼，就能學會製作 Twitter/微博的網站。

15

那我們就開始吧！

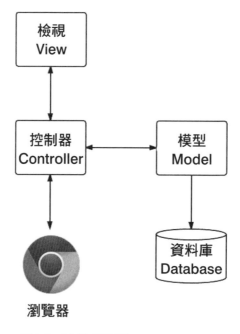

圖1.7　MVC 關係圖

一個 Rails 的 App 或是網站的基礎功能是由 MVC：Model(模型)、Controller(控制器)、View(檢視)等三個不同的部件組成的。他們三個在一個網站裡面扮演著不同的工作。它們的功能一開始可能會讓你覺得有點難懂，不過沒有關係，慢慢來。

另外，很多的電腦語言都是採用 Procedural programming (過程化程式設計) 的邏輯，Ruby on Rails 是採用 OOP (Object Oriented Programming，物件導向程式設計)。PHP 這類的就是 Procedural programming，代表它的程式邏輯是去描述一個事件發生時該經過的程序。但是，OOP 的寫法是在用程式設計/設定一個物件類別及它的屬性。

例如，在 Procedural programming 裡面，當你要儲存一個照片的時候，你需要一步一步的把這個儲存事件寫出來。但是，在 OOP 裡，我們不是寫事件程序，而是製造一個有屬性還有功能的「物件」。

在這個情況下，我們會製造一個「照片」（Image）的物件類別，然後幫這個物件設定它的習性與屬性。如果我們要儲存這個照片的話，則向程式說：image.save，這樣就可以把照片儲存起來了。這個概念在我們開始製作網站的時候會比較容易了解。現在先不用想太多。

## 模型(Model)

資料庫整理單位。負責管理物件類別的資料、屬性、邏輯等等。有了Model，你就幾乎永遠不用碰資料庫。這個就像是倉庫管理員，取得你要的資料，然後交給你。

實例：它可以幫你把你所有今天註冊的用戶資料都抓出來。

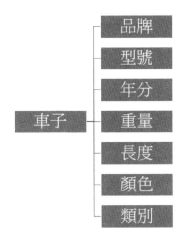

**圖1.8 我們建立一個車子的物件類別及其屬性**

## 控制器(Controller)

負責處理（包括搜尋、整理與編輯）從 Model 送過來的資料。這個就是程式的大腦。

實例：它把從 Model 那傳來的註冊用戶資料處理，然後只留下30歲以上的男性。接下來它會把這個資料傳到 View。

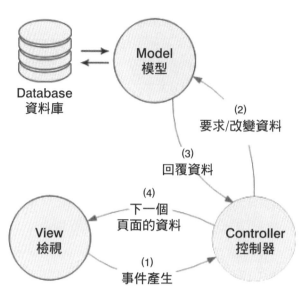

圖1.9　MVC 的運作程序

## 檢視(View)

負責顯示資料。基本上就是把資料穿衣服，顯示在瀏覽器裡。

實例：View 會把 Controller 傳來的30歲以上男性用戶的資料，顯示在畫面上，像是在你的瀏覽器裡面。

圖1.10　View 裡面就是設計如何把資料裝飾美化，像是這個頁面的介面就是在 view 裡面寫的

# 1.4　製作你的第一個 RoR 網站

Okay，現在 MVC 介紹結束了，我們第一件要做的事情就是安裝 Rails（加 Ruby）在我們的電腦上。

## 安裝 Ruby on Rails 環境

如果是Windows的話，請下載 railsinstaller-2.2.2.exe (https://github.com/railsinstaller/railsinstaller-windows/releases/download/2.2.2/railsinstaller-2.2.2.exe)。

如果是MAC的話，請下載 RailsInstaller-1.0.4-osx-10.7.app.tgz (http://railsinstaller.s3.amazonaws.com/RailsInstaller-1.0.4-osx-10.7.app.tgz)。

1. 執行安裝檔案。請確定一定要勾選加安裝 Github。

2. 執行 gem update rails。

## 安裝JavaScript(NodeJs)環境

請到http://nodejs.org下載並安裝NodeJs。

## Sublime 程式編輯器

Sublime 是我們比較喜歡的程式編輯工具，因為它可以幫你把 Ruby on Rails 裡面的程式文法用不同的顏色標示出來。

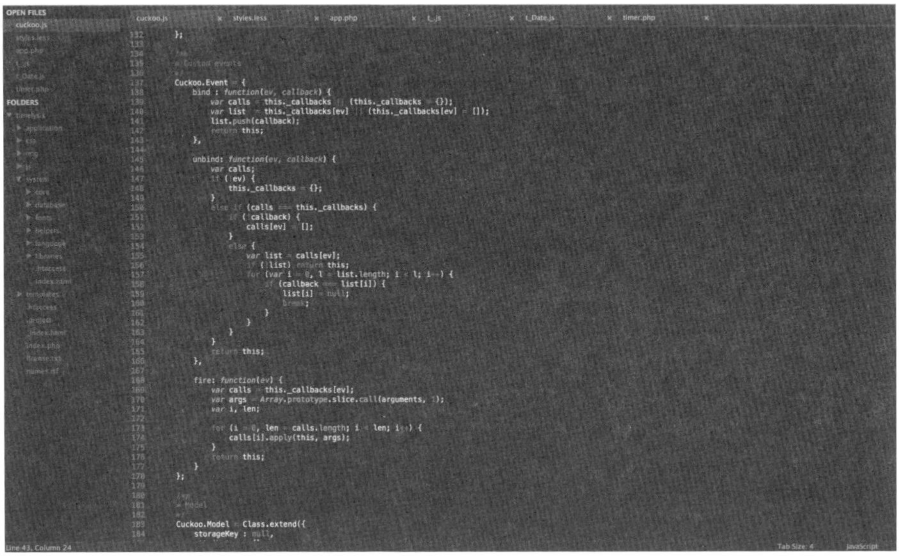

圖1.11　Sublime 程式編輯器

接著，我們就來安裝 Sublime，請到 http://www.sublimetext.com/2 下載適合自己的作業系統的版本然後安裝。

好了，現在 Rails、NodeJs 與 Sublime 都安裝好了，接下來，利用 Rails 來幫我們建立網站骨架。

從這一步起，我們做什麼，你就跟著做，這是最快的學習方法。當你看到程式指令裡面是由「$」開始的時候，就是跟你說你需要在自己電腦裡面的 terminal（MAC）或是 command prompt（Windows：⊞+Ⓡ，然後輸入 cmd）下的指令（但是不要輸入「$」喔！）。其他的時候當我們開啟程式檔案的時候，那你就跟著修改或是建立檔案就好了。

Rails 有一個很強大的幫手功能，可以讓我們迅速的把我們的網站初始化。

```
$ cd [PROJECT_DIRECTORY]
$ rails new first_app
$ cd first_app
```

[PROJECT_DIRECTORY] 就是你想要整合你所有 Ruby on Rails 的網站檔案的地方。例如，在 Windows 裡面，Railsinstaller 會直接把你的網站檔案放在 C:/Sites 裡。那 C:/Sites 就是你的 [PROJECT_DIRECTORY]。在 MAC 中，你放在你的 [USER]/Sites 底下也可以。其實這個位置放在哪裡都可以，所以你可以自己決定。

一些重要的網站檔案及檔案夾：

| 檔案/檔夾 | 說明 |
| --- | --- |
| /Gemfile | gem 插件清單 |
| /.gitignore | git 掠過清單（這個等一下會解釋更多） |
| /app/models | 存放所有 Model 模型檔案的資料夾 |
| /app/controllers | 存放所有 Controller 控制器檔案的資料夾 |
| /app/views | 存放所有 View 檢視檔案的資料夾 |
| /app/assets | 固定資產，像是照片或是其他的功能插件 |
| /log | 記錄 |
| /config/routes.rb | URL 路徑規劃 |
| /config/application.rb | 總設定 |
| /config/environments/development.rb | 開發環境設定 |
| /config/environments/production.rb | 上線環境設定 |
| /db/migrate/[YYYYMMDDHHMMSS]_[migration_name].rb | 所有設定資料庫檔案在 db/migrate 的資料夾裡 |

# 1.5　Gems 功能插件與 Bundler

一開始有提到 Gems 插件。Gems 就是讓 Ruby on Rails 強大的最大功臣。Gems 插件即其他 Ruby on Rails 的達人已經寫好然後分享出來的功能/工具插件。Ruby on Rails 可以說是現今最大的程式語言社群，所以能用的 Gems 真的是非常多。你能想到的功能應該都已經有人做好了。

例如，有一個 Gem 是專門建立用戶註冊、登入、登出的功能，如此你就不需要自己寫了 (但是在本書的課程裡我們要手動寫，因為手動寫給予我們更多的控制權及彈性)。另外一個例子是，也有 Gem 是幫你的 Ruby on Rails 網站快速架設收信用卡金流的功能。總而言之，Gems 就是拿現成的功能，然後把它安裝在你自己的 App 裡面。

> 想要看 Ruby on Rails 有多少個與多少種的 Gems，你可以去 https://www.ruby-toolbox.com/ 逛逛。

那 Gems 要怎麼安裝呢? 那就是要在 Gemfile 裡面設定。在 Gemfile 裡面可以設定你的 App 要用到哪些插件與版本。

設定完成後，我們要利用一個 Bundler 工具，幫我們把這些插件安裝與設定到你的 App 裡面。Bundler 這個工具也會幫你的網站的 Gems 環境建立與儲存，其放在一個叫作 `Gemfile.lock` 的檔案裡。

值得一提的是，有一些 Gemfile 裡面的設定是很重要的。有的時候，你的 App 會放置在不同的電腦裡(像是不同的伺服器)。然而，每一台電腦的環境可能有點不一樣(會有不同版本的 Gems)，所以每一台電腦上的相同 App 裡面用的 Gems 的版本需要被同步，要不然有的時候會產生錯誤。所以，Gemfile 這個檔案就是幫你在每一台電腦裡的同樣 App 的 Gem 環境同步。

好啦，介紹完了，我們來開啟「Gemfile」看看裡面有什麼。先不用太擔心看不懂這個檔案裡面的設定。我們一步一步來，等一下就會介紹到。

```
Gemfile
source 'https://rubygems.org'

# Bundle edge Rails instead:gem 'rails', github:'rails/rails'
gem 'rails', '4.0.0' # Rails 的版本
```

```
# Use sqlite3 as the database for Active Record
gem 'sqlite3' # 資料庫的 gem

# Use SCSS for stylesheets
gem 'sass-rails', '~> 4.0.0' # 給我們 Rails 讀取一種特別風格檔案的 Gem

# Use Uglifier as compressor for JavaScript assets
gem 'uglifier', '>= 1.3.0' # Javascript 壓縮工具

# Use CoffeeScript for .js.coffee assets and views
gem 'coffee-rails', '~> 4.0.0' # 另一個 Javascript 的工具

# See https://github.com/sstephenson/execjs#readme for more supported runtimes
# gem 'therubyracer', platforms::ruby

# Use jquery as the JavaScript library
gem 'jquery-rails' # 給予我們 Rails 一個 Javascript 函式庫的框架

# Turbolinks makes following links in your web application faster. Read
  more:https://github.com/rails/turbolinks
gem 'turbolinks'

# Build JSON APIs with ease. Read more:https://github.com/rails/jbuilder
gem 'jbuilder', '~> 1.2'

group :doc do
  # bundle exec rake doc:rails generates the API under doc/api.
  gem 'sdoc', require:false
end

# Use ActiveModel has_secure_password
# gem 'bcrypt-ruby', '~> 3.0.0'

# Use unicorn as the app server
# gem 'unicorn'

# Use Capistrano for deployment
# gem 'capistrano', group::development

# Use debugger
# gem 'debugger', group:[:development, :test]
```

我們標準的 Gemfile 裡面已經有設定很多預設的 Gems。這些都是 Rails 的框架團隊包括進去的，不是我們自己設定的。

# 1.6 建立第一個用戶

接下來，我們很快地使用 Ruby on Rails 的魔力，幫我們快速建立用戶資源。

使用 rails generate scaffold 功能建立用戶架構。一行搞定，把所有 User (用戶)這個角色需要的所有檔案都建立出來。在執行之前，請先執行「bundle install」，把網站的 gems插件環境設定好。當完成沒有出現錯誤後，再執行以下的指令：

```
$ rails generate scaffold User name:string email:string
      invoke  active_record
      create    db/migrate/20130820082602_create_users.rb
      create    app/models/user.rb
      invoke    test_unit
      create      test/models/user_test.rb
      create      test/fixtures/users.yml
      invoke  resource_route
       route    resources :users
      invoke  scaffold_controller
      create    app/controllers/users_controller.rb
      invoke    erb
      create      app/views/users
      create      app/views/users/index.html.erb
      create      app/views/users/edit.html.erb
      create      app/views/users/show.html.erb
      create      app/views/users/new.html.erb
      create      app/views/users/_form.html.erb
      invoke    test_unit
      create      test/controllers/users_controller_test.rb
      invoke    helper
      create      app/helpers/users_helper.rb
      invoke      test_unit
      create        test/helpers/users_helper_test.rb
      invoke    jbuilder
      create      app/views/users/index.json.jbuilder
      create      app/views/users/show.json.jbuilder
      invoke  assets
      invoke    coffee
      create      app/assets/javascripts/users.js.coffee
      invoke    scss
      create      app/assets/stylesheets/users.css.scss
      invoke  scss
      create    app/assets/stylesheets/scaffolds.css.scss
```

在建立的檔案裡，我們可以看到一些比較重要的檔案。

23

- /app/models/user.rb User 模型設定檔。

- /app/controllers/users_controller.rb Users 控制器。

- /db/migrate/201307190423_create_users.rb 建立用戶資料庫設定檔。

- /app/views/users/*.html.erb 用戶顯示檔案。

- /config/routes.rb 上面的命令會幫我們自動加入用戶 URL 路徑。

用戶角色所需要的檔案已建立，用 rake 這個命令來更新資料庫。Rake 會用 /db/migrate/ 裡面的檔案去整理並且更新資料庫。

```
$ rake db:migrate
==  CreateUsers:migrating ======================================
-- create_table(:users)
   -> 0.0017s
==  CreateUsers:migrated (0.0018s) =============================
```

rake 是一個網站管理的功能/工具，我們以後會常用。

我們要記得，在執行 rake db:migrate 之後，因為我們的資料庫有變，所以一定要重新開啟伺服器，或是重新更新我們的主控台環境（在 rails console 底下執行 reload!）。

# 1.7  Rails 伺服器開機！

用 Rails 內建的伺服器架開發式網站。

```
$ rails server
```

再來我們來用 browser 來欣賞我們的成果：http://localhost:3000/users。 ocalhost 其實就是以網址訪問你自己的電腦，因為現在的 Rails App 是架在我們的電腦上，所以 http://localhost:3000 就是你自己的電腦的閘道 3000 的位置。

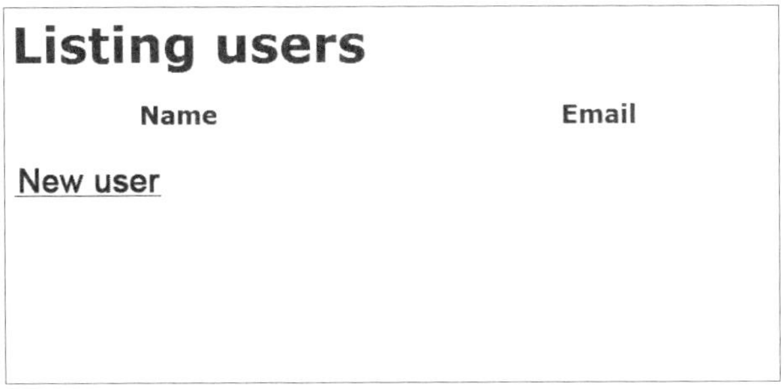

**Listing users**

| Name | Email |
|------|-------|

New user

圖1.12 用戶列表頁面

Rails 會用 RESTful 概念來規劃 URL。每一個動作（action）都會在控制器裡（controller）：

- /users（http://localhost:3000/users）index action。是顯示所有用戶畫面。

- /users/1（http://localhost:3000/users/1）show action。是顯示某用戶畫面（範例中是用 id=1，即第一位用戶）。

- /users/new（http://localhost:3000/users/new）new action。是建立新用戶畫面。

- /users/1/edit（http://localhost:3000/users/1/edit）edit action。是修改某用戶畫面（id=1）。

在 /users 底下點一下「New User」，把自己加入吧。

**New user**

Name

Email

Create User

圖1.13 建立用戶頁面

# 1.8 用戶控制器概念

用 Sublime 編輯器來開啟用戶控制器檔 /apps/controllers/users_controller. rb。

UsersController 除了之前介紹過的 actions 以外，有一些不需要畫面的 actions。它們不需要畫面因為它們都是幕後的程序。

- create 接受 new action 傳來的資訊（parameters）並且建立新用戶。
- update 接受 edit action 傳來的資訊並且更新用戶。
- destroy 刪除用戶。

## 路徑規劃

開啟路徑檔(/config/routes.rb)，我們的路徑檔裡面應該長得像這樣。

```
config/routes.rb
FirstApp::Application.routes.draw do
    resources :users

  # The priority is based upon order of creation:first created -> highest priority.
  # See how all your routes lay out with "rake routes".

  # You can have the root of your site routed with "root"
  # root 'welcome#index'

  # Example of regular route:
  #   get 'products/:id' => 'catalog#view'

  ...
end
```

你可以看到，當我們建立 User 的時候，Rails 已經很聰明地幫我們自動在 routes.rb 加入了 resources :users 這一行。以上所有的 RESTful 路線 (index, show, new, edit, create, update, destroy) 一行設定完成。

> rails server 會把你 console 鎖住，接下來建議開啟另一個 console 來同時控制/操作 rails。

26

看一下現有路徑規劃。請在你的 console 裡面輸入 rake routes，來看你的網站裡面現在有的路徑。

```
$ rake routes
   Prefix Verb   URI Pattern              Controller#Action
    users GET    /users(.:format)         users#index
          POST   /users(.:format)         users#create
 new_user GET    /users/new(.:format)     users#new
edit_user GET    /users/:id/edit(.:format) users#edit
     user GET    /users/:id(.:format)     users#show
          PATCH  /users/:id(.:format)     users#update
          PUT    /users/:id(.:format)     users#update
          DELETE /users/:id(.:format)     users#destroy
```

大概講解一下。 每一行代表一個 controller 的 action (動作)。

1. Prefix 欄位下的是 route name (路徑名稱)，就是它在我們 App 的內部的名稱。我們可以直接呼叫它作為我們的路徑，等一下你會用到。

2. Verb 欄位是 HTTP method (方法)。

3. URL Pattern 是網址格式。

4. controller#action 是控制器與動作名稱。

那為什麼一行就可以把那麼多的路徑設定完成？

REST 是一種 HTTP 網路路徑標準。Rails 用的路徑很「RESTful」，代表說，它也服從 REST 這個標準。

REST 是 Rails 處理 URL 與 Controller 之間關係的規則。例如，如果我要列出所有的用戶，就需要訪問/users。如果只要看一個特定的用戶的話，那只就要訪問/users/1。如果要建立一個新用戶，則要去/users/new，以此類推。RESTful 的規則讓我們可以把網站的架構與 URL 的可讀性優化許多。

而 Rails 會按照 REST 的標準幫你把基本的 7 個 actions (顯示所有資源、顯示某資源、新資源、修改資源、建立、更新、刪除)的路徑自動設定好。

# 1.9　網站風格介面：**Bootstrap**設定安裝

　　雖然在這個課程裡沒有要教到怎麼設計頁面，但是，我們還是會一路上教你怎麼很容易的加入一些網站裡的風格介面。只要花一點點的時間就可以大幅度改善介面。Twitter 有製作一個 opensource（開源）的 UI（User Interface）框架叫做 Bootstrap。安裝它之後，你就可以很簡單地幫網站「穿上衣服」改頭換面，像下面這個頁面一樣。

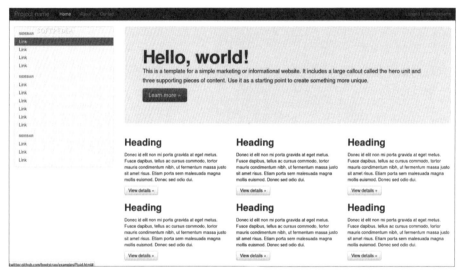

**圖1.14　現成 Bootstrap 介面模板**

　　現在，先把 `bootstrap-sass` 這個 Gem 加入到 Gemfile 裡。

```
Gemfile
source 'https://rubygems.org'

# Bundle edge Rails instead:gem 'rails', github:'rails/rails'
gem 'rails', '4.0.0'

# Add bootstrap for pretty UI
gem 'bootstrap-sass'

# Use sqlite3 as the database for Active Record
gem 'sqlite3'
...
```

然後執行 bundle install 來安裝我們新的 Gem 插件。

記得，每當你改變了 Gemfile 與 bundle install 之後，你一定要記得把 Rails server 關起然後重開 (Rails server)，這樣你的 Rails App 才會開始啟用新的環境。

```
$ bundle install
```

現在我們需要把 bootstrap 啟動。

其實，Bootstrap 的 Gem 就是一個很豐富的 CSS stylesheet。Stylesheet (外觀風格設定檔) 是一個專門打扮網頁外觀介面的設定檔。它看起來就像下方的程式那樣。其實很好讀，如果你不知道 CSS，這個可能會讓你有點迷失，不用太擔心，其實 CSS 只是讓你的 APP 看起來比較漂亮，對我們的課程不會有什麼影響。你可以利用多餘的時間學習就好了。

```
49  body {
50    margin: 0;
51  }
52
53  a:focus {
54    outline: thin dotted;
55  }
56
57  a:active,
58  a:hover {
59    outline: 0;
60  }
61
62  h1 {
63    margin: 0.67em 0;
64    font-size: 2em;
65  }
66
67  abbr[title] {
68    border-bottom: 1px dotted;
69  }
70
71  b,
72  strong {
73    font-weight: bold;
74  }
75
76  dfn {
77    font-style: italic;
78  }
79
80  hr {
81    height: 0;
82    -moz-box-sizing: content-box;
83          box-sizing: content-box;
84  }
85
86  mark {
87    color: #000;
88    background: #ff0;
89  }
90
```

圖1.15 Bootstrap 裡面的 CSS 程式

　　我們要先做的是取代 Rails 的基本 stylesheet（外觀風格設定檔）。把 scaffolds.css.scss 檔案裡原本風格設定全部刪除，改成為 bootstrap 特製的風格。

　　接下來，要開啟 scaffolds.css.scss，然後把下面的程式都輸入進去，或是複製/貼進去。

**app/assets/stylesheets/scaffolds.css.scss**

```scss
@import "bootstrap";

/* universal */

html {
  overflow-y:scroll;
}

body {
  padding-top:60px;
}

section {
  overflow:auto;
}

textarea {
  resize:vertical;
}

.center {
  text-align:center;
}

.center h1 {
  margin-bottom:10px;
}

/* typography */

h1, h2, h3, h4, h5, h6 {
  line-height:1;
}

h1 {
  font-size:3em;
  letter-spacing:-2px;
```

```
  margin-bottom:30px;
  text-align:center;
}

h2 {
  font-size:1.2em;
  letter-spacing:-1px;
  margin-bottom:30px;
  text-align:center;
  font-weight:normal;
  color:#999;
}

p {
  font-size:1.1em;
  line-height:1.7em;
}

/* header */

#logo {
  float:left;
  margin-right:10px;
  font-size:1.7em;
  color:white;
  text-transform:uppercase;
  letter-spacing:-1px;
  padding-top:9px;
  font-weight:bold;
  line-height:1;
  &:hover {
    color:white;
    text-decoration:none;
  }
}

/* footer */

footer {
  margin-top:45px;
  padding-top:5px;
  border-top:1px solid #eaeaea;
  color:#999;
}

footer a {
  color:#555;
```

```
}

footer a:hover {
  color:#222;
}

footer small {
  float:left;
}

footer ul {
  float:right;
  list-style:none;
}

footer ul li {
  float:left;
  margin-left:10px;
}
```

## 建立網頁頂部（Header）、網頁底部（Footer）、除錯區塊 (Debug Sections)

現在我們安裝好了 Bootstrap，讓我們把網站修飾得漂亮點。我們來修改一下頂部與底部的外觀風格。把你的檔案裡的程式修改成下圖所示的程式就好了。

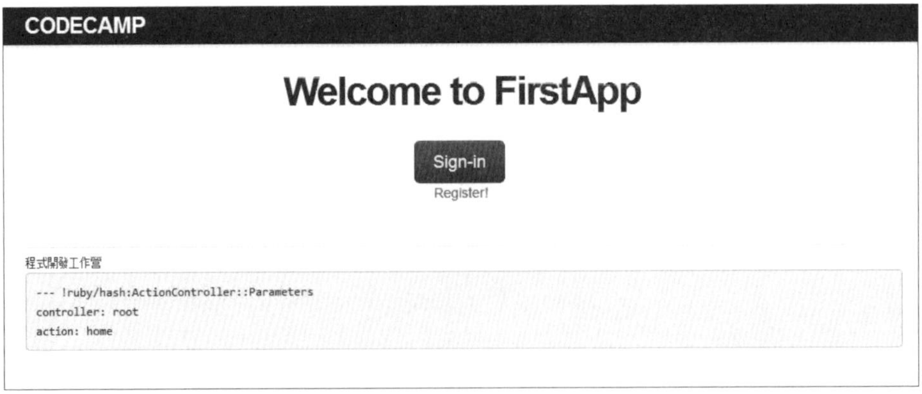

**圖1.16　加入 Bootstrap 之後的首頁**

**/app/views/layouts/application.html.erb**

```
<!DOCTYPE html>
<html>
<head>
  <title>FirstApp</title>
  <%= stylesheet_link_tag "application", media:"all", "data-turbolinks-track"
  => true %>
  <%= javascript_include_tag "application", "data-turbolinks-track" => true %>
  <%= csrf_meta_tags %>
</head>
<body>

<!-- New header -->
<header class="navbar navbar-fixed-top navbar-inverse">
    <div class="navbar-inner">
        <div class="container">
            <%= link_to "FirstApp", "#", id:"logo" %>
        </div>
    </div>
</header>
<!-- Content wrapped in container -->
<div class="container">
    <%= yield %>
  <!-- New footer -->
  <footer class="footer">
    <small>
      <a href="codecamp.io">程式開發工作營</a>
    </small>
  </footer>
  <!-- Debugging footer -->
    <%= debug(params) if Rails.env.development? %>
</div>

</body>
</html>
```

　　重新開啟 http://localhost:3000/users 就可以看到 Bootstrap 成功的把我們
的頁面變得漂亮多了。

# 1.10　網站首頁

我們還沒有改變首頁（http://localhost:3000），所以現在還是 Rails 的預設首頁（public/index.html）。現在來設定我們的首頁位置吧。

現在的首頁沒有用戶或是文章的資料。其實，標準的首頁本來就是應該長這個樣子。

```
$ rails generate controller Root home
```

這個指令幫我們增加了一個 controller 的控制器檔案，另外建立了一個 home 的 action。如果你需要一個「關於我們」或是「聯絡我們」的頁面的時候，你可以自己另外用同樣的方法加進去（例如 rails generate controller Root home about contact 這樣）。

讓我們輸入一點內容到首頁裡。

**app/views/root/home.html.erb**

```
<h1>Welcome to FirstApp</h1>
<center>
    <%= link_to "Sign-in", "#", class:"btn btn-large btn-primary" %>  <br>
    <%= link_to "Register!", "#" %>
</center>
```

然後在路徑檔裡把 /（也就是 http://localhost:3000/）這個 URL 設定成首頁。

**config/routes.rb**

```
FirstApp::Application.routes.draw do
  get "root/home" # 把這行刪掉
  resources :users
  # This maps / to the root#home action
  root to:'root#home'
end
```

現在如果把這個 URL（開啟 http://localhost:3000/），就會看到我們的首頁。

# 1.11 Github：網站雲端備份

　　Github 是一個幫我們備份及整理我們網站程式的一個網站。當你修改你的程式之後，你可以把你現在的進度紀錄然後儲存到 Github 裡面。如果程式出錯，你也可以用 Github 倒帶到你之前的版本。如果你有玩電動的話，你可以把 Github 想像成你的程式備份、紀錄、版本控制、儲存以及載入系統。它還有很多其他的功能，不過現在就先講到這裡。

　　我們需要先為你的電腦建立一個 key（鑰匙），這樣你才可以用你的鑰匙取得權限。

## 建立 ssh key

　　如果你剛剛是用 Railsinstaller.exe 安裝 Ruby on Rails 加上 Github 的話，你可以略過下面的 10 個步驟。但是如果是 MAC 的話，你還是需要執行下面的步驟。

1. 先到 http://www.chiark.greenend.org.uk/~sgtatham/putty/（或是直接在 Google輸入「putty」就好了）。

2. 到 download 的頁面。

3. 下載 PuTTYgen：puttygen.exe。

4. 直接執行檔案。

5. 點選「Generate」。

6. 把你的滑鼠移動到你的鑰匙密碼產生完畢。

7. 再來，到你自己的用戶檔案夾(%UserProfile%)，然後建立一個新的資料夾，叫做「.ssh」。

8. 再來，在 puttygen 裡面，點選「Save private key」，然後位址寫入:%UserProfile%/.ssh。

9. 同樣的，再來點擊「Save public key」。

10. 你的 key 已經建立完成了。private key 檔案就是鑰匙，是用在開啟權限用的。public key 是用在認證你的 private key，所以 public key 就像是鑰匙孔。

如果使用 MAC 的話：

1. 執行 ssh-keygen -t rsa -C your_email@example.com（your_email @example.com 是要你輸入自己的 email。只是為了辨識這個 key 是哪一台電腦來的）。

2. 接下來就按「enter」到底就好了。

3. 要找到你的 ssh key 請到 ~/.ssh 就可以找到你的檔案了。

再來，我們把你的網站連接至 Github 裡。

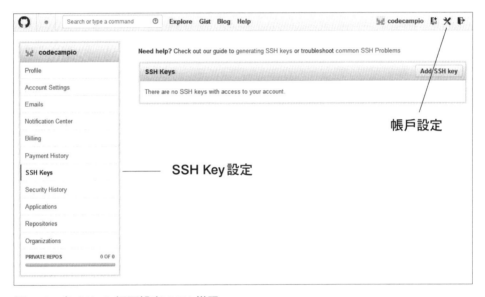

**圖1.17 在 Github 裡面設定 SSH 權限**

1. 現在我們先到 github.com 建立一個帳號。

2. 接著到右上角的 Account Settings → SSH Keys。

3. 到你的電腦上的 %UserProfile%/.ssh，然後找 id_rsa.pub 的檔案。（MAC 用戶到 ~/.ssh)就可以了。

4. 把 id_rsa.pub 檔案開啟。

5. 把從 ssh-rsa 開始的字串，複製從頭到尾的內容。

6. 回到 Github 裡面，然後到 Account Settings（右上角)→左邊的 SSH Keys，把你 copy 的資料貼進去。名字裡面輸入辨識你現在用的電腦的名字就好了。這個名字只是為了讓你辨識用的。

7. 再來，在 Github 的右上角，點擊「Create a new repo」(建立一個新的知識庫)。

8. Repo 名稱寫入「first_app」就可以了。

9. 回到你電腦上的 first_app 檔案夾裡。

10. 執行 git init。這個指令在幫你的網站與 Git 連接。

11. 再回到我們的 cmd，執行:`git add -A`。`git add -A` 這個指令會把所有更新過的檔案加選取，準備上傳到 Github。`git add [FILE1] [FILE1] ... [FILEN]` 的指令可以選取特定的檔案。

12. 執行 git commit -m "first commit"。`git commit -a` 的意思是「你確定要將之前選取的檔案上傳到 git (但是還沒有上傳)」。`git commit [FILE1] [FILE2] ... [FILEN]` 這個指令也是「只要確定某些特定檔案」。

13. 在你的 first_app Github 頁面的右邊有一欄 SSH clone URL，把裡面的連接 copy (ctrl+c)。然後執行 git remote add origin git@github.com:projectname/projectname.git。git@github.com:projectname/projectname.git 就是你剛剛複製的 SSH URL。git remote add origin git@github.com:projectname/projectname.git 就是我們增加一個備份位置。git 是這個功能的指令，remote 是遠端的意思，add origin 是加入根源，像是你的檔案備份的根源。

14. 執行 `git push origin master`。`git push origin master` 是 git 的指令，意思為「請把我剛剛確認的檔案，上傳到 origin 位置 (我們剛剛有設 git remote add origin git@github.com:projectname/projectname.git) 的 master 這個目標」。

15. 就這樣，以後你每一個程式的版本可以儲存並且記錄。

16. (如果你使用的是 Windows PC) 請再輸入這個指令。git config --global core.editor "\"C:\Program Files\Sublime Text 2\sublime_text.exe\""。這個指令是跟我們系統說我們要用的編輯器是 Sublime。另外，如果你的 sublime 不是安裝在 Program Files 裡面，那它就應該在 Program Files (x86) (git config --global core.editor "\"C:\Program Files (x86)\Sublime Text 2\sublime_text.exe\""。

另外，git remote -v 可以顯示你所有可以上傳的位置。

# 1.12　Heroku：把網站上線

好啦！我們的簡單網站已經完成了，但是，網站是在你的電腦上，我們怎麼把它架到網路裡？

我們要把它架上 Heroku。Heroku 是一個專門架設 Ruby on Rails 網站的服務。它不只是一個虛擬主機，且是一個專門為 Ruby on Rails 量身訂做的一個架設網站平台。它幫我們把架設網站的大多數麻煩處理好，所以我們不用當 IT 人員也可以很簡單的架設並且維護我們的網站。

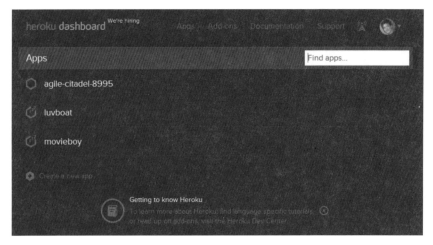

圖1.18　Heroku

現在就讓我們把它架上 Heroku(http://www.heroku.com)，讓所有人都可以訪問我們的網站。

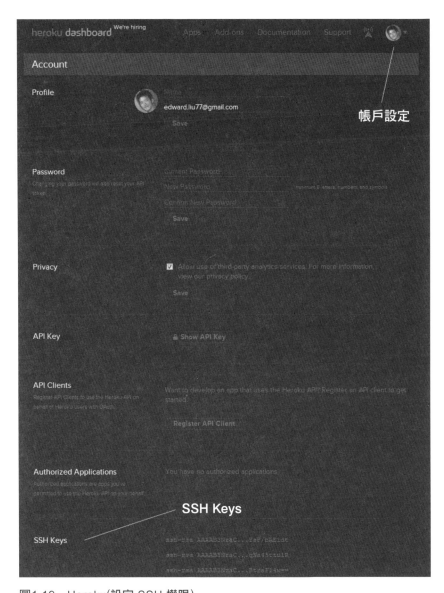

圖1.19　Heroku(設定 SSH 權限)

1. 加入 Heroku 會員。

2. 到你的電腦上的 %UserProfile%\.ssh，然後找 id_rsa.pub 的檔案。(MAC 用戶到 ~/.ssh)就可以了。

3. 把 id_rsa.pub 檔案開啟。

4. 把裡面的內容複製。

5. 到你的 Heroku account 設定裡面 → SSH Key → 貼入你剛剛複製的 ssh key 資料。

6. 再來，去 Heroku.com 下載並且安裝 heroku-toolbelt.exe (如果是 MAC 的話，請安裝 heroku-toolbelt.pkg)。

7. 回到你的 first_app 的檔案夾裡。

8. 在 CMD 裡執行 heroku login，然後用你的 Heroku 的用戶名稱及密碼登入。

9. 執行 heroku create。

10. 開啟 Gemfile，然後把這一欄：

```
Gemfile
gem 'sqlite3'
```

改成

```
Gemfile
gem 'sqlite3', group:[:development, :test] #只有在開發及測試環境用到的插件
gem 'pg', group::production #只有在上線環境用到的插件
gem 'rails_12factor', group::production #只有在上線環境用到的插件
```

11. 接下來，我們需要再修改幾個檔案 (倘若裡面已經修改好就不用修改)：

bin/bundle

bin/rails

bin/rake

把每個檔案裡的第一行：

```
#!/usr/bin/env ruby.exe
```

改成：

```
#!/usr/bin/env ruby
```

12. 執行 bundle install。

13. 執行 git add -A。

14. 再來執行 git commit -m "Changed gemfile"，因為我們修改了 Gemfile 與幾個其他的檔案。

15. 執行 git push heroku master 就可以把你的網站架到 Heroku 了。git push heroku master 的意思就是說，請把檔案上傳到 Heroku。相同的，git push origin master 是把檔案上傳到 Github。

16. 執行 gem install heroku，安裝 Heroku 的一些執行功能。

17. 執行 heroku run rake db:migrate，更新 Heroku 端的資料庫。

18. 現在只要在 CMD 裡輸入 heroku open，你就可以看到剛剛建立的網站已經架起來了！

　　記得喔！你可以加入我們的臉書。如果有問題的話，可以在這裡發問，或是也可以跟其他的學員交流：https://www.facebook.com/groups/codecampio/。

# CHAPTER 02

# Ruby 快速上手

## 2.1 Ruby 介紹

如果我們要學 Ruby，那我們就一定要學 Ruby on Rails。Rails 是 Ruby 的框架，給予 Ruby 很多強大的功能。現在只要有人提起 Ruby 的話，大概都是在說 Ruby on Rails，而不只是 Ruby。想像 Ruby 就像是 Tony Stark（東尼史塔克），那他的盔甲就是 Rails，給它更多強大的能力！

圖2.1　Ruby on Rails

在這一堂課，我們會介紹一些 Ruby 的基本命令跟它的威力。我們在下一堂課才會繼續製作我們的 App。所以呢，不要急！基礎一定要先打好！

現在請先下載/安裝 SampleApp。這是我們已經幫你們做好的程式。它跟之前做的程式基本上是一樣的，不過我們增加了一點用戶與文章。在這一課，你可以利用 Ruby 的 console（Ruby 命令執行環境）先體驗一下 Ruby 裡面的一些程序與功能。

```
$ cd [PROJECT_DIRECTORY]
$ git clone https://github.com/codecampio/sample_app
$ cd sample_app
$ bundle install
$ rake db:migrate db:populate
```

開啟 Rails 命令執行環境。

```
$ bundle exec rails console
```

## 2.2　Hello World

我們現在用 Ruby 的指令來輸出一些字串。

```
rails console
puts "Hello World"
# Hello World
# => nil
```

當我們執行 rails console 時，當我們輸入 puts "Hello World" 的時候它就會輸出 # Hello world。Hello World 就是那串命令會輸出的結果。而 # => nil 是系統自動顯示的返回值。注意，有的時候本書不會寫出沒有太大意義的返回值。

我們現在做的是讓 console 輸出「Hello World」。這個是很基礎的。等一下我們會讓 console 執行一些更有趣的資料。

## 2.3　數字、布林、運算子

Ruby 裡面有兩種數字。在 Ruby 裡，整數 (像 1, 2, 3) 叫做 Fixnum。小數或浮點數 (像 3.14, 2.718) 叫做Float。

```
rails console
1
# => 1
1.class
# => Fixnum
3.14
# => 3.14
3.14.class
# => Float
```

1.class 的 .class 會問 Ruby 數字 1 是什麼類別的資料 (它是 Fixnum，也就是整數)。同樣的，輸入3.14.class，Ruby 就會跟你說 3.14 是屬於 Float 類別 (class) 的數字。

我們可以用一些 **Operators (運算子)** 來操作一些數字。基本上就是數學。

```
rails console
1+1
# => 2
3.14*2
# => 6.28
2**10
# => 1024
```

同樣的，我們把數字放在括號裡，它的效果就會跟數學運算一模一樣。括號裡的運算會有優先權。

```
rails console
1+1*2
# => 3
(1+1)*2
# => 4
```

**布林 (Boolean)** 的意思就是 true (是) 或是 false (否)。也就是說它是一個條件性的手法。而 tests 就是測試一段程式是 true 或是 false。當我們在製作這些程式的時候，我們都用一些叫做 **Test Operators (測試運算子)** 的運算子來達到目的。

- > #大於。
- >= #大於或是等於。
- < #小於。
- <= #小於或是等於。
- == #等於。
- != #不等於。
- ! #不是。
- && #也是(多數條件的時候用)。
- || #或者也是(多數條件的時候用)。

大多數的 operators 都很容易懂，不過我們還是來看看好了。

```
rails console
1024*1024 > 1000000
# => true
1+1*2 == (1+1)*2
# => false
true && false
# => false
true || false
# => true
x = rand(2) == 0
y = rand(2) == 0
(!x || !y) == !(x && y)
# => true
```

rand(2) 基本上就是在丟一枚硬幣一樣，看看它是掉人頭還是數字。基本上返回值是 0 或是 1。所以x 與 y 都各有一半的機會是 0。但是，(!x || !y) == !(x && y) 永遠都會是 true。

```
rails console
x = rand(2) == 0; y = rand(2) == 0; (!x || !y) == !(x && y)
# => true
x = rand(2) == 0; y = rand(2) == 0; (!x || !y) == !(x && y)
# => true
...
x = rand(2) == 0; y = rand(2) == 0; (!x || !y) == !(x && y)
# => true
```

Ruby 程式碼不需要特別結尾，不過使用「;」可以讓多行程式合併。

## Conditionals (有條件性)

在有些時候，你需要按照現況才能判定你要不要做一件事情。在 Ruby 裡面，這樣的程式叫做 **Conditional Statement (條件性宣告語句)**。其實這個詞用中文來描述會有點怪怪的，因為技術性的語言需要表達的意思需要比較明確。

如果用我們剛剛用的例子來說的話，我們可以用 rand(2) - 丟一枚硬幣，然後如果掉下來是 0 的話，那麼我們就會輸出 "I won!"。

在網路的世界，if-then 是一個很常用的手法。其實，if then 也可以說是「邏輯」。當我們在寫 Ruby on Rails 的時候，幾乎每一頁都需要用到 if-then。

```
rails console
```

```
puts "I won!" if rand(2) == 0
# I won!
...
puts "I won!" if rand(2) == 0
```

換句話說：

```
rails console
```

```
puts "I lost :(" unless rand(2) == 0
# I lost :(
...
puts "I lost :(" unless rand(2) == 0
```

unless 的意思就是「如果不是」，所以上面的 unless rand(2) == 0 的意思就是「如果 rand(2) 出來的結果不是 0 的話，那執行『puts "I lost :("』」。

那如果我們至少要贏兩次才算贏，該怎麼辦？

```
rails console
```

```
puts "I won big!" if rand(2) == 0 && rand(2) == 0
# I won big!
puts "I won big!" if rand(2) == 0 && rand(2) == 0
...
puts "I won big!" if rand(2) == 0 && rand(2) == 0
```

如果把贏與輸的程式都寫在一起：

```
rails console
```

```
if rand(2) == 0
  puts "I won!"
else
  puts "I lost :("
end
# I won!
...
if rand(2) == 0
  puts "I won!"
else
  puts "I lost :("
end
# I lost :(
```

if、else 之外，還有一個叫做 elsif。

```rails console
x = rand(6)+1
if x == 0
    puts "x is 0"
elsif  x == 1
    puts "x is 1"
else
    puts "x is something else"
end
# x is something else
```

這裡提供一個用法。如果用戶沒有登入的話，請顯示「Not logged in」。

```rails console
unless signed_in?(@user)
    puts "Not logged in" # 還沒有登入
end
```

## If-Then-Else(縮寫法)

有的時候，你會看到 if-then 這種比較簡短的寫法。雖然這種寫法你不一定需要用到，不過可能會有人使用這樣的寫法。

```rails console
puts (rand(2) == 0) ? "I won!" : "I lost :("
# I lost :(
...
puts (rand(2) == 0) ? "I won!" : "I lost :("
# I won!
```

?：這個運算子是一個寫 if-then-else 的捷徑。這一部分 (rand(2) == 0) ? "I won!" : "I lost :(" 的意思是說，如果投到零就算贏 I won!，不然就算輸 I lost :(。看得出來，這是剛才用過的程式的縮寫。

```
rails console
if rand(2) == 0
  puts "I won!"
else
  puts "I lost :("
end
```

像之前提到的，你可能不需要寫這樣的程式，但是當別人這樣寫的時候，你至少要知道為什麼這樣寫。這部分先記得就好了，以後你如果想要使用的話再多熟悉就好了。

# 2.4 變數 (Variables)

**Variable (變數)** 就像是一個容器。它讓你可以儲存資料在裡面。現在，假設 name 是一個變數，那我們可以把 name 設定成 Edward，則這個變數 name 是筆者名字。也可以把這個變數改成是 Yitao，那麼這個變數現在裡面的資料就是 Yitao。

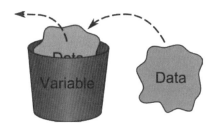

圖2.2　Variable (變數) 是一個可以放資料的容器

```
rails console
name = "Yitao"
puts "My name is #{name}"
# My name is Yitao
name = "Edward"
puts "My name is #{name}"
# My name is Edward
```

有另一種可以用在 Variable 上的運算子叫做 **assignements (賦值)**。它可以把一個變數裡的資料更新。以下是你平常會看到的方式。

```
rails console
x = 1
x = x + 1
x = x * 2
# etc etc
```

如果我們用 Assignements 的話,那以上的程式可以寫成下方這樣。

實例:你要數100次的點擊次數,所以你的 x 的變數先設定成1。每一次有用戶點擊,你就要加1,直到100為止。所以當你用 x = x+1 或是 x += 1 的時候,你就是在每一次的點擊都增加 x 的點擊數。

```
rails console
x = 1
x += 1          # 跟 x = x + 1 一樣
x *= 2          # 跟 x = x * 2 一樣
```

這邊有另外一種 operator 你可以多熟悉一下,那就是 ||=。

```
rails console
first_name = "Ed"
# => "Ed"
first_name ||= "Yitao"
# => "Ed"
last_name ||= "Sun"
# => "Sun"
```

||= 的意思就是說,如果原本的變數裡面已經有值的話,那就維持。如果裡面沒有的話,就設定 || 之後的值。在未來,你會很常看到用 ||= 來設定系統預設值 (default value)。|| 也可以說是「OR」,即「或者是」。

另外,在真實世界裡寫程式的時候,我們經常會看到很多的變數前面有 @ 的符號。一個有 @ 在前面的符號代表說這個變數(或是說這個 Variable)是一個 **Instance Variable (實例變數)**。Instance Variable 是可以被送發到別的程式區塊的一個變數。你可以把它想成是一個可以運送的容器。

你至今看到沒有由 @ 開頭的變數也是一個容器,但是它只能在它的區塊裡面使用。離開了它的區塊範圍,裡面儲存的資料就會消失。這個暫時不用想太多,到第三章實作的時候就會使用到了。

# 2.5 字串 (Strings)

在上一個例子中，有一些程式放在雙引號裡面，而有一些放在單引號裡面。寫在裡面的叫做 **Strings (字串)**。因為他們實際上就是句子或是字串。

為什麼會有兩種方式寫字串？"foobar" 及 'hello world' 之間的差別是 **Interpolation (偏好字串插值)**。Interpolation 的用意是說 Ruby 會對有雙引號的字串有特別處理的方法。他會把在雙引號裡的字串做一些 Ruby 程式處理，像是會把字串裡的 #{} (大括弧) 做特別處理，把它看成是有功能的程式。而在單引號裡的字串，像是 'hello world' 則不會受到任何特別的處理。你寫在裡面的東西會直接地被輸出，就算裡面有 #{} 也會直接被輸出。也就是說，裡面有什麼，不用想太多，就是什麼。

```
rails console
puts 'My name is #{name}'
# My name is #{name}
```

在 console 裡面，在雙引號裡的字串都會被直接輸出出來。這是因為在雙引號裡的 \ 跟 Ruby 說接下來的字元不用特別的去處理，直接輸出就好了。

```
rails console
puts "My name is \#{name}"
# My name is #{name}
```

而對字串最常做的事情就是把它們連起來，所以你可以把它們變成一個更長的字串。你可以用 Interpolation 或是用**Concatenate Operator (+ - 字串串連命令)**。

```
rails console
first_name = "Yitao"
last_name = "Sun"
puts "My fullname is #{first_name} #{last_name}"
# My fullname is Yitao Sun
puts "My fullname is " + first_name + " " + last_name
# My fullname is Yitao Sun
```

# 2.6　註記 (Comments)

你有注意到我們在很多段程式裡面都會多加 # (井號)嗎？ # 會把之後的字串視為註記。Ruby 會直接略過所有註記。註記只是利於人類的閱讀，對程式本身一點影響都沒有。

```
rails console
# This is a comment.  I can write anything here like ABCDEFG or 1234567 or
explain to you this is a comment
```

# 2.7　陣列 (Arrays)

現在我們來談談 **Arrays (陣列)**。Arrays 是一個一連串而又有順序的數據組合。在學校的班級裡，每一個人都有一個編號。如果沒有編號的話，所有的人都會是沒有順序的，非常亂。不過，當你標記每一個學生的時候，你就會有一個有順序的陣列。你可以找到誰是學生10號、誰是學生1號等等。

```
rails console
a = [ 2, 4, 6 ] # Array 包含了 2,4,6
a[0]            # Array 裡第一元素是...
# => 2
a[1]            # Array 裡第二元素是...
# => 4
```

你可以看到陣列的起點是0。其實很多的電腦語言都是這樣的。可能你需要花一點時間習慣。再讓我們來看看這個有趣的 Array (陣列)。

```
rails console
x = [ 1, 3, 5, 7, 9 ]       # 建立新的 array
x[0] == x.first
# => true                   # x.first 和 x[0] 相同
x.length                    # array 裡有多少元素 (length 是長度)
# => 5
x[-1]                       # x[-1] 就是倒數第一個元素
# => 9
x[-1] == x.last             # x.last 和 x[-1] 也是相同
# => true
```

陣列有很多的用法。現在要給你看我們怎麼把 Array 裡面的資料一條一條地抓出來執行。

> 實例：假如我們要做一個像 Facebook 的網站，當要把我們所有的朋友資料從資料庫裡抓出來並且印出來的時候，我們拿到的資料一開始應該都會是一個陣列。然後陣列裡面 ([friend1, friend2, friend3, friend4, ... ]) 每一筆資料都會是我們每一位朋友的資料 (包括他的名字、email、性別等等)。

```
rails console
x = [ 1, 3, 5, 7, 9 ]        # 建立新的 array
x.each do |i|                # array 裡每一個元素...
  puts i*2                   # 都要列印元素二倍
end
```

我們還可以用一個更簡潔的寫法達到同樣的效果。如果這個寫法讓你有點困惑，沒有關係，我們等一下會解釋更多。

```
rails console
[1, 3, 5, 7, 9].each { |i| puts i*2 }
```

我們以後很常用Array，不過現在就解釋到這裡，因為你要多使用才有辦法體會更多。

# 2.8　Hashes（雜湊）

一個陣列的每一個數據都是被一個 index (索引值) 所支配 (索引值永遠是正數)。**Hash（雜湊)**像是一個陣列，不過它的索引值可以是你想要的任何字串/值 (而不只是數字)。在一個 Hash 裡面，它的索引值叫做 Key (標籤/鑰匙)，而它的數據則叫做 Value (值)。Key 加上 Value 就是我們所稱的 Key-Value Pair (標籤-值 組合)。Hash 其實跟 Array 一樣，但是它的標籤是有意義的。

圖2.3　每一個 key（標籤/鑰匙）都對應到一個 value（值）

```
rails console
hash = {
  "This is a key" => "This is a value",    # => 叫做 hash-rocket。它是用來
                                              設定 key-value
  1 => "Another value",                    # key 可以是數字
  "A key" => "Yet another value",          # 也可以是 string
  1 => "Value #3",                         # 但重複的 key 會蓋過舊的 value
  "Some key" => User.second,               # value 是什麼都可以
}
user = {                                   # 用 hash 裝用戶資料很方便
  "name" => "Edward Liu",
  "email" => "ed@example.com",
  "age" => "31",
  "fake_age" => "16",
}
user["name"]                               # 搜尋用戶名稱
# => "Edward Liu"
user["wealth"]                             # 搜尋沒有的資料返回 nil
# => nil
user["fake_age"] = "14"                    # 更改資料也很簡單
```

在新版的 Ruby 裡，有一種新的寫 Hash 的方式。

```
rails console
old_way = { :class => "container", :style => "width:90%" } # 用 hash-rockets
new_way = { class: "container", style: "width:90%" }       # 用 : 分 key-value
old_way == new_way
# => true                                                  # 是一樣的
```

了解 Hash 之後，我們再回到 Users。

我們在這個情況之下怎麼用 Hashes？那就讓我們再建立一個 Hash，讓我們可以使用用戶的 Email 來找到他們。

```rails console
email_hash = {}                        # 建立一個新的 hash
User.all.each do |user|                # 把我們所有的用戶一一執行...
  email_hash[user.email] = user        # 然後建立一個新的 hash，把用戶的 email
                                       #   做為標籤（key）加進 hash
end
email_hash["yitao@startitup.co"]       # 用 email 搜尋 hash 裡的用戶
# => ...
```

User.all 是 Rails 提供的功能。他把系統裡所有的用戶整理成一個 Array。

很酷吧，我們現在有一個 Hash 讓我們用 email 就可以找到我們要找的用戶（但是，其實在真實操作下，我們有更好的方法，等一下會介紹）。

現在，我們建立一個直方圖來讓我們看用戶的註冊時間。

```rails console
# 我們在這裡建立一個新的 Hash。當我們在 Hash 裡面搜尋一個我們沒有建立的資料，它就會返
#   回 nil。現在，我們這個 Hash 被設定返回 []，就是一個空的 Array 的意思。
date_hash = Hash.new { |hash, key| hash[key] = [] }
date_hash["nobody"]
# => []
User.all.each do |user|                          # 每一位用戶 ...
  date_hash[user.created_at.to_date] << user     # 把用戶註冊日期當做 key
                                                 #   加進那個用戶的 Hash
end
```

Hash 就像一個文件櫃。Hash 裡的每一筆資料都是一個文件夾。我們在上面的例子裡，只是用所有用戶的註冊日期當作目錄。

現在 key 設定為前30天的日期，而每一個日期標籤相對應的值是充滿當天註冊用戶的 Array（Array裡就會有每個用戶的資料Hash）。很複雜嗎？慢慢來，其實所演示的一些範例，都只是想要讓你看到一些比較原始的操作手法。在真正的環境裡面，Rails 有提供一些更好的方法。

接下來，我們要把它用來做什麼呢？我們來做一個30天到今天為止的用戶註冊直方圖。

56

```
rails console
starting = 30.days.ago.to_date                        # 30天前開始
ending = Date.today                                    # 到今天為止
(starting..ending).each do |day|                       # 30天前開始到今天為止...
  puts "#{day}: #{'*' * date_hash[day].count}"         # 用 * 的數目代表每一天有多少
                                                       # 用戶註冊

end
```

好像有點難度吧？其實那幾行程式裡有隱藏很多玄機。我們一行一行看。
30.days.ago 很簡單，其實就是說 30 天前 (其實它的寫法很人性化)。它是一
個 Rails 內含的一個功能。30 是一個數字，而 days 則是給那個數字一個單
位。ago 則是把那個特定的天數轉換成一個特定的時間點。終於，to_date 把
一個時間點轉換成一個日子，因為我們要的資料排序是要用日子為單位而不是
用時間。

(starting..ending) 是一個範圍，或是值域。範圍是可以讓你設定起始點
與結束點。它可以讓你在這個值域裡一個值一個值地執行。在這個情況，我們
是一天一天執行。

"#{'*' * date_hash[day].length}" 是一個比較複雜的 Interpolation (偏
好字串插值)。Interpolation 不只是對簡單的變數有效。它對一些比較複雜
的命令也有用。在這個情況之下，我們的命令是 '*' * date_hash[day].
length，就是說，這天有幾個註冊的會員，用 * 重複 date_hash[day].count
次來顯示這一天有幾個用戶。

現在你也試試看！

```
rails console
puts '*' * 10
# **********
puts "Hi" * 10
# HiHiHiHiHiHiHiHiHiHi
date_hash[Date.today].count
# => 8
'*' * date_hash[Date.today].count
# ********
```

Hashes 很好用吧！在未來我們會遇到很多 Hash 的錯綜複雜問題。我們將
一一解釋。

# 2.9 類別／物件 (**Classes and Object**)

我們一直在使用 User 的類別/物件，不過還沒有解釋太多。有些人理解它們可能很快速，有些人則覺得可能會有點複雜。

Class（類別）及 Objects（物件）到底是什麼。我們在第一章有解釋過，但是對物件導向程式設計（OOP）不了解的人，一個 object 就像是一個 App 裡面的角色。而在實際的 App 裡面，我們會按照所設定的類別建立 Objects。每一個 object 都有繼承它的類別及屬性。如果兩個 object 屬於同一個 class，則它們會有相同的屬性。

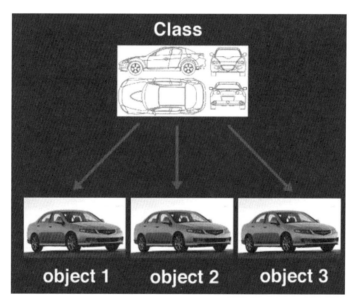

圖2.4　一個車子類別實體化出的三個車子物件 (Objects)

那我們所說的屬性是指什麼呢？有很多。例如它的特徵(及規則)是一種，它的功能也是一種。

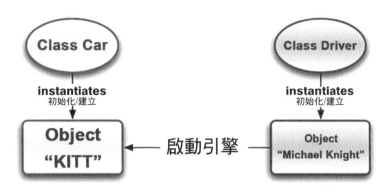

圖2.5 霹靂遊俠裡面的車子 KITT 與駕駛員 Michael Knight 物件之間的互動

以上面這個圖片來說明，可以看到，我們建立了兩個類別(車子與駕駛員)。我們從這兩個類別各初始化了兩個物件(霹靂遊俠裡面的車子KITT與駕駛員 Michael Knight)。然後我們建立的物件可以跟對方互動。

我們來說另外一些實際的例子吧。你跟我，我們都可以算是 objects（物件），而我們的類別是人類。人類的屬性有名字、性別，加上人類也具有功能如講話、思想、走路等等。所以，身為人類的我們，都有名字、性別，並且具有講話、思想、走路這些功能。

在 Ruby 裡面，我們可以創造並且設定類別。不過，現在先讓我們看一下 SampleApp 裡已經建立好的 User class（用戶類別）的 Model 檔案：app/models/user.rb。

**app/models/user.rb**

```ruby
class User < ActiveRecord::Base
    has_many :posts, dependent: :destroy
end
```

我們現在來試試看這個 User class 吧。試試執行以下的指令。

**rails console**

```ruby
User                          # 用戶類別明細，可以看出來這個類別的屬性設定
# => User(id: integer, name: string, email: string, created_at: datetime,
updated_at: datetime)
x = User.first                # x = 所有 User 裡面第一位用戶
x.name                        # 顯示用戶名
```

```
x.email                      # 顯示 email
x.created_at                 # 顯示建立/加入時間
x.class                      # 顯示類別
```

我們也可以對任何的類別加入設定。

**rails console**

```
# 隨意更改用戶類別 - 添加功能
class User
  def valid_email?
    (email =~ /\A[^@]+@[^@]+\z/) != nil
  end
end
```

在上面的程式裡，我們幫 User class 加入了一個功能：查看 email 是不是有效的格式。我們來檢查系統裡面有哪一些用戶的 email 格式是錯誤的。

**rails console**

```
User.all.each { |user| puts user.name unless user.valid_email? }
```

valid_email? 是一個 **Instance Method (實例方法)**。這個 instance method 會被執行在每一個 **User instance (實例個體)**或是每一個 User 物件個體上。Instance就是一個類別的實體。

例如，我們今天有一個 User 的類別。而當今天需要把這個類別實體化的時候，我們就需要做出一個 "instance" (user 或是 @user 的變數)。另一種說法就是，Instance 也可以說是類別的實體化。

如果我們要把一個 method (方法) 執行在一整個類別裡的所有物件上呢？這種方式叫做 **Class Method (類別方法)**，例如，我們想要知道系統裡面所有的 User 的資料。

**rails console**

```
User.count
# => 100
```

等等，我們沒有寫這個 `User.count` 的 method 啊。其實，這個method
是 Rails本來就已經預設的。而每一個你所建立的model，它都一定會繼承
`ActiveRecord::Base` (Rails 預設)的一切功能及方法。很多這些 Rails 所預
設的功能及方法都是在 `ActiveRecord::Base` 裡面所擁有的。

```
rails console
User.find(1)
User.find_by(email: "yitao@example.com")
User.destroy_all(name: "Edward")
```

所以現在我們已經講到了 **Inheritancy (類別繼承性)**了。基本上，如果一個類
別繼承了它的 parent class (父類別)，那它會繼承所有父類別的屬性、功能及
方法。

舉出一個比較可以想像的例子，我們可以說我們 Human class (人類動物)繼
承 Mammal class (哺乳類動物)。哺乳類動物都會爬行，也都有毛髮色，所以
人類動物也會繼承相同的功能與屬性。

# 2.10　符號 (Symbols)

在我們繼續學之前，我們先討論一下 **Symbols (符號)**。符號是一個 Ruby 特
有的一個東西。它們像是特別的標籤，往往在實際運用中有點像字串，不過是
在特定的情況下用。

```
rails console
# :email 是 symbol
User.find_by(:email => "user@example.com")
```

Symbols (:) 它們是用來標籤及代表名字(name)或是字串(string)。其實它
的用法很直接，往後在製作 App 的時候，你就可以充分的感受到它的使用方
法。

另外一種說法是，當我們要把一個字串運用在一段程式裡，那我們就會用 :
來標籤。

# 2.11 Blocks(區塊)、Procs及lambdas

在 Ruby 的核心功能有三個。它們就是 Blocks、Procs及Lambdas。它們聯合起來讓 Ruby 非常強大。在其他的語言裡面，它們的名字叫做 **Anonymous Functions (匿名函數)**。其實沒有一個能很好解釋它們的方法。對於筆者而言，它們有點像是暫時性的功能，寫來處理一些特別的案子。學習它們的最佳方式是直接輸入看輸出結果，就可以知道是怎麼一回事了。

## Blocks (區塊)

Blocks 是暫時性的執行區塊碼。

我們之前其實已經用過 blocks 了。

```
rails console
x = [ 1, 3, 5, 7, 9 ]          # 建立新的 array
x.each do |i|                   # array 裡每一個元素...
  puts i*2                      # 都要列印元素二倍
end
```

在這裡，do |i|; puts i*2; end，這個 method 會執行在每一個元素上。從 x.each do |i| 開始，我們的 Block 就已經開始了，直到 end 把它結束。

另外一個例子，假如我們想要甩骰子十次，然後把結果記錄下來。

```
rails console
rolls = 100.times.collect do              # 搜集返回值一百次...
  rand(6)+1                               # 甩骰子
end
# => [4, 5, 6, 6, 1, 2, 5, 1, 1, 1, 1, 3, 2, 4, 6, 4, 6, 2, 4, 1, 1, 6, 3,
4, 6, 4, 5, 3, 4, 5, 1, 4, 2, 4, 5, 4, 5, 1, 5, 3, 1, 6, 3, 6, 3, 1, 6, 6,
3, 1, 4, 6, 6, 1, 1, 5, 2, 5, 2, 2, 1, 5, 5, 6, 4, 5, 5, 1, 4, 6, 3, 3, 3,
5, 6, 4, 6, 4, 6, 6, 3, 1, 4, 1, 5, 6, 5, 1, 2, 4, 1, 3, 1, 5, 3, 1, 4,
2, 1]
rolls.count(1)                            # 100次裡面甩了幾次 1
# => 23
```

或是可以用這個更簡短的寫法。

**rails console**

```
rolls = 100.times.collect { rand(6)+1 }
```

rand(6)+1 是一段程式來幫我們隨機產生1到6的數字，就像是一個普通的骰子（電腦程式永遠都是從 0 開始，所以我們要 +1 才可以表現出1到6，要不然沒有 +1 的話，就變成0到5）。100.times 就是甩一百次的意思。.collect則是把結果儲存成 array。

現在請開啟 app/views/users/index.html.erb 檔案。我們在這裡也可以看到一個標準的 block 運用方法。

**app/views/users/index.html.erb**

```
<h1>Listing users</h1>

<table>
  <tr>
    <th>Name</th>
    <th>Email</th>
    <th></th>
    <th></th>
    <th></th>
  </tr>

<% @users.each do |user| %>
  <tr>
    <td><%= user.name %></td>
    <td><%= user.email %></td>
    <td><%= link_to 'Show', user %></td>
    <td><%= link_to 'Edit', edit_user_path(user) %></td>
    <td><%= link_to 'Destroy', user, method: :delete, data: { confirm: 'Are
you sure?' } %></td>
  </tr>
<% end %>
</table>

<br />

<%= link_to 'New User', new_user_path %>
```

由 `<% @users.each do |user| %>` 開始的 block 會輸出一個 HTML 的行列給每一個用戶的名字、email，還有一些其他的資料。程式裡面很多的 `<table>`、`<tr>` 或是 `<td>`，都是 HTML 的程式。HTML 是最簡單的電腦語言，有空閒的時間建議可以去學一下。

## Procs

接下來，如果你想要重複使用一個執行程式碼的時候，該怎麼辦？

```
rails console
# 列印 30 天內加入的用戶 email
User.where("created_at > #{30.days.ago}").each { |user| puts user.email }
# 列印 30 到 60 天前加入的用戶 email
User.where("created_at > #{60.days.ago} AND created_at < #{30.days.ago}").
each { |user| puts user.email }
```

上面的程式有重複用到同樣的程式，所以有點多餘。我們把剛剛的執行程式碼儲存（寫成一個 Proc 了），讓我們在重複做同樣的事情的時候，可以省時間。

```
rails console
printer = Proc.new { |user| puts user.email }
User.where("created_at > #{30.days.ago}").each(&printer)
User.where("created_at > #{60.days.ago} AND created_at < #{30.days.ago}").
each(&printer)
```

如果 blocks 是只讓你可以馬上用/只用一次的話，則 Procs 可以讓你儲存並且重複使用很多次的程式碼。

## Lambdas

Lambdas 是跟 blocks、procs 很像的一個功能，現在的你還不會需要知道怎麼使用。簡單解釋的話，lambdas 跟 Procs 很像，不過它的用法會比 Procs 更加嚴格，會把程式裡面有可能出現的錯誤指出來。

# 2.12 把今天所學現學現賣

在我們的 SampleApp 裡面，我們有一個小小的程式，用來加入假的用戶及文章。我們可以利用這個程式來看看我們今天學習的成果。

先加入 Faker 的 Gem。

**Gemfile**

```
gem 'faker'
```

然後執行 bundle install。

在來我們打開一下這個檔案：lib/tasks/populate.rake。

**lib/tasks/populate.rake**

```
namespace :db do
  desc "Generate users"
  task populate: :environment do
    # Generate fixed users Yitao and Ed
    yitao = User.create(name: "Yitao", email: "yitao@example.com")
    ed = User.create(name: "Ed", email: "ed@example.com")

    # Generate 98 additional random users
    users = [ yitao, ed ]
    users += 98.times.collect do |i|
      name = Faker::Name.name
      email = i < 10 ? name.split.join : "#{name.split.join}@example.com"
      user = User.create(name: name, email: email)
    end

    # Randomize user created_at timestamp
    users.each { |user| user.update(created_at: Date.today - rand(30)) }

    # Generate random posts
    posts = (10*users.count).times.collect do
      (users.sample).posts.create(content: Faker::Lorem.sentence)
    end
  end
end
```

我們稍微來解釋一下。

namespace 與 task 這兩行暫時不用在意。我們只要專注在其他的程式碼就好了。先提一下，Faker::Name.name 與 Faker::Lorem.sentence 這兩個功能是從 faker 的 Gem 來的。它們會幫我們建立隨機的名字與句子。在 console 裡面，你可以試試看 Faker 是怎麼使用的。

```
rails console
5.times.collect { Faker::Name.name }
# => ["Mr. Aylin O'Kon", "Gladyce Pouros", "Gardner Krajcik", "Greyson
Dooley I", "Yvette Grant"]
```

Faker::Lorem 的 "Lorem" 是 Faker gem 提供給我們產生 lorem-ipsum 隨機字串的工具。lorem-ipsum 是一種隨機產生一大堆無意義句子的標準，寫網站為了先填入佔位資料都是用它 (因為沒有資料的網站看起來很空曠，而且沒有資料也無法預知有資料的網站會長得如何)。簡單來說，它把還沒有內容的空間先塞滿，讓網站看起來比較好看。

在這個程式裡，你會看到 User.create，即幫我們建立用戶用的指令。這個指令是幫我們建立一個 User 類別的物件。我們要建立兩個固定用戶：Ed 與 Yitao。首先，把 Ed 與 Yitao 儲存在 users 裡。

接下來，我們要用 98.times.collect do |i| 把 98 個隨機用戶輸入到 users 裡。

- 我們先要 faker 建立一個假的名字 (Faker::Name.name)。
- faker 再幫我們用之前建立的假名字建立假的 email。
- email = i < 10 ? name.split.join : "#{name.split.join}@example.com" 這行是故意把前十位的 email 設定為錯誤的格式。就是說，前十位的 email 不會有 @example.com 結尾，所以格式是錯誤的。
- 解釋一下(name.split.join)。.split 是把字串拆開。.join 是把 array 合併成字串。split.join 的用處是把空格刪除。
- 在我們建立完這些用戶之後，會重設他們的 created_at 到30天之內的日期 (user.update(created_at: Date.today - rand(30)))。這行就是說，從今天隨機減掉 1-30 天的日期，所以就是任何三十天之內的日期。

最後，我們用 (10*users.count).times do 建立 1,000 的 posts。(users.
sample).posts.create(content: Faker::Lorem.sentence) 的 users.
sample 就是隨機挑選其中一個用戶，然後為那個用戶貼文。所以 .posts.
create 即這個 post 是屬於我們隨機選的用戶建立的。再來，content:
Faker::Lorem.sentence 就是用 Faker 的 Lorem 功能隨機製作內容。

# CHAPTER 03

# 模型(建立用戶、密碼)

# 3.1 Models(模型)是什麼？

在本章裡，我們會介紹什麼是 Models。最好的學習方式就是在自己的 App 裡建立用戶這個角色。然後再為用戶加入密碼認證。

現在好玩的內容終於來了，我們要開始開發網站。這個網站的功能會跟 Twitter 很像，大多數主要的功能都會有。

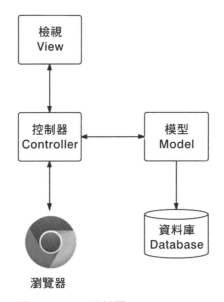

圖3.1 MVC 關係圖

什麼是 Models (模型)？在 Rails 的 MVC 世界中，Models 負責定義與管理一種物件的資料、屬性與行為。另外，當我們在說 User model 的時候，其實是指 User 的資料。解釋 Model 的最佳方法是透過一個圖表。

| User |
| --- |
| id:integer |
| name:string |
| email:string |
| created_at:datetime |
| updated_at:datetime |

圖3.2 User (用戶)屬性

　　現在的 User model 有兩個屬性：name 與 email (我們在第一章建立的)，還有三個 Rails 自動產生的屬性 (id, created_at, updated_at)。如果可以用 id 找到一個用戶的話，那我們也可以同時找到這個用戶的 user.name (用戶的名字) 與 user.email (用戶的 email)。在這個單元裡，會教你如何駕馭 Models。

## 回到 first_app

　　先回到第一個單元建立的 app。

```
$ cd [PROJECT_DIRECTORY]
$ cd first_app
```

　　cd [PROJECT_DIRECTORY](到你放程式的檔案夾)，可能是 C:/Sites，如果是 MAC 的話，可能是 /home/USER/Sites。然後 cd first_app(進入我們 first_app 的檔案夾)。

# 3.2　建立Models(模型)：如何設定與使用

　　雖然 Rails 很神奇，不過 Models 並不會自動產生。在第一章裡，我們 scaffold 了一個 User 的 resource (資源)，即我們建立了 User 這個角色所需要的架構及檔案。當我們 scaffold 的時候，Rails 會自動建立 Model(模型)、view(檢視)與 controller(控制器)的檔案。它還會幫我們在 routes.rb 路徑檔裡自動建立 User 的路徑。

　　但是，有的時候 controller、views 與 models 會手動分開建立，而不是用 scaffold。等一下後續會多加解釋。

　　這是標準的 Model 設定，是你之前見過的。

**app/models/user.rb**
```
class User < ActiveRecord::Base
end
```

　　所有 Rails 的 Model 都是直接或是間接繼承 ActiveRecord::Base（也就是 Rails 的老祖宗的 Model class），所以我們自己建立的 Model 裡面有很多的功能都已經有了。如果我們還要寫入新的功能，必須另外手動寫。

### 所有類別都繼承 ActiveRecord::Base

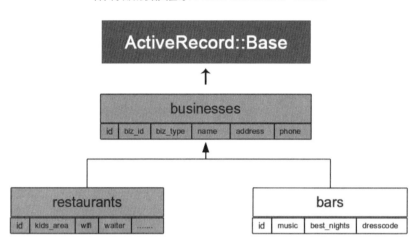

圖3.3　所有的 Model 都繼承它們的父類別

　　而到底這麼多的資料都是存在哪裡？其實，所有要幫一個 Model 在資料庫裡建立資料的執行檔都在 migrations（遷移）裡。建立 Users 在資料庫裡的架構就在 db/migrate/20130802070532_create_users.rb 裡。

### 整理/設定資料庫檔案

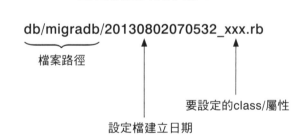

圖3.4　db/migrate 檔案夾裡的檔案解說

```
db/migrate/20130802070532_create_users.rb
class CreateUsers < ActiveRecord::Migration
  def change
    create_table :users do |t|
      t.string :name
      t.string :email

      t.timestamps
    end
  end
end
```

Migrations (遷移)專門管理、更改、建立資料庫的。只要有了 Migrations，我們永遠不需要直接接觸到資料庫，我們最多需要做的是使用 Migrations。

在這次的 migration 裡，會要求資料庫建立一個 table (表) 來讓我們儲存用戶資料。如果你不知道資料庫是怎麼運作的，沒有關係。你只要想像為一個巨大的 Excel 表就行了。每一個 column (欄位)儲存一個 Model 屬性的資料。每一個 row (行) 則是記錄一個一個的 Model 物件。例如，網站裡面的每個用戶都會一行一行的儲存在 row 裡面，每個用戶的屬性 (像 name、email) 都會儲存在它的欄位裡面。另外，每一個欄位的類別一定要設定正確，因為每一個欄位裡面儲存的資料一定要跟設定的類別一樣，要不然會出現錯誤。

圖3.5　資料庫解說

對於這個 migration，我們再更仔細地說明。

- 一個 migration 的名稱（加上 timestamp 時間戳記）必須跟你要修改的 Model class 相同。所以 20130802071133_add_user_passwords.rb 的檔案裡面必須指定它是 AddUserPasswords 的 migration class（類別），要不然會出現問題。

- 所有在 change 方法裡面的程式碼都是可以被 rollback（回溯)的。有一些的 migration 檔案裡會用 up（修改）與 down（回溯）的 methods（而不是 change），因為有的時候怎麼 rollback（回溯）的方法不是那麼的直接。

```
1  class AddUserTable < ActiveRecord::Migration
2    def self.up
3      create_table :users do |t|
4        t.column :first_name, :string
5        t.column :last_name, :string
6        t.column :birthday, :date
7      end
8    end
9
10   def self.down
11     drop_table :users
12   end
13 end
14
15
```

圖3.6　migration 檔案裡的 up 與 down

- Migration 一定要依照時間戳記，從以前到近期來一個一個執行。如果我們要幫用戶加入密碼的欄位，那麼這個 migration 必須是要在 CreateUsers（建立用戶）的 migration 之後再執行。

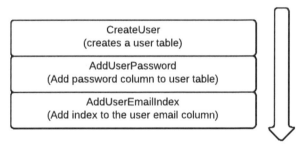

圖3.7　migration 檔案必須依照順序執行

- 在 create_table :users 的 block（區塊)裡，它會建立欄位：t.string :name 與 t.string :email。這些欄位由於是設定成 string（字串）類別的資料，所以這一欄可以儲存到255個字元。

其他的 Rails 欄位(資料)類別為：

| Types | Value |
|---|---|
| string | 上限 255 字元的字串 |
| text | 無限字元的元素 |
| integer | 整數 |
| float | 浮點數 (32位元) |
| decimal | 浮點數 (128位元) |
| date | 日期 (沒有時間)，像是 "July 30, 1982" |
| time | 只有時間 (沒有日期)，像是 "12:31:22.003" |
| datetime | 日期+時間 |
| timestamp | 日期+時間的時間戳 |

- 在 create_table :users 的 block 裡面，t.timestamps 會建立兩個特別的 datetime (日期時間) 欄位，一個是 created_at，另一個是 updated_at。Rails 會幫你自動管理這兩欄資料。

- create_table 的 method 會自動幫你建立一個有順序的 id integer (整數)的欄位。每次有新的一行資料輸入資料庫的時候，Rails 都會特別建立一個它獨有的一個 id，這是這行紀錄的獨特識別碼。當呼叫資料的時候，id 是最重要的一環。

# 3.3 建立與刪除用戶

現在，就讓我們建立一個新的用戶。

```
rails console
user = User.new
# => #<User id: nil, name: nil, email: nil, created_at: nil, updated_at: nil>
user.name = "[YOUR NAME]"    #請輸入你的名字
user.email = "[YOUR EMAIL]"  #請輸入你的 email
user
# => #<User id: nil, name: "[YOUR NAME]", email: "[YOUR EMAIL]", created_at:
nil, updated_at: nil>
```

我們先用 constructor（建設者）建立一個新的 User（**User.new**）。每一筆新的紀錄都需要先由一個 constructor 建立，就算我們還沒有輸入任何的資料。我們還沒有輸入用戶的 name 與 email，所以它會先建立（但還未儲存到資料庫裡）一個(空的)充滿 **nil** 的用戶。

```
rails console
user = User.new(name: "[YOUR NAME]", email: "[YOUR EMAIL]")
# => #<User id: nil, name: "[YOUR NAME]", email: "[YOUR EMAIL]", created_at:
nil, updated_at: nil>
```

現在我們填入了 name 與 email。其他欄裡的資料 id、updated_at 及 created_at，因為是由 Rails 自動管理，所以等一下當 save(儲存)的時候，它們自動會被填入。現在，雖然我們已經建立了這個紀錄，但是這個資料其實還沒有儲存到資料庫裡面。請到瀏覽器訪問 http://localhost:3000/users，你會看到剛剛建立的用戶還不存在。我們必須要先 save（儲存），我們的 User 才會被儲存到資料庫裡。

```
rails console
user.save
# => true
```

現在重新開啟 http://localhost:3000/users。Magic！

我們執行 user.save 之後的 return value（返回值)很重要。如果返回值是 true 的話，那就代表資料儲存成功了。如果發生錯誤導致資料無法儲存，save 的命令會回覆 false。我們後續會再討論如何處理這個問題。

現在再來看看剛剛輸入的 user。

```
rails console
user
# => #<User id: 1, name: "[YOUR NAME]", email: "[YOUR EMAIL]", created_at:
"2013-09-15 13:05:31", updated_at: "2013-09-15 13:05:31">
```

把剛剛沒有輸入的資料填入。id 已被設定一個獨特的識別碼。created_at 與 updated_at 都已輸入剛剛執行 save 時的 timestamp（時間戳記）。

現在，我們來把這個用戶給刪除掉。

rails console

```
user.destroy
```

再重開 http://localhost:3000/user。剛剛的新用戶應該已經不存在了。

我們可以合併 User.new 和 save，用 User.create 一次達到兩件事情。

rails console

```
User.create(name: "[YOUR NAME]", email: "[YOUR EMAIL]")
 => #<User id: 2, name: "[YOUR NAME]", email: "[YOUR EMAIL]", created_at:
"2013-09-15 13:40:50", updated_at: "2013-09-15 13:40:50">
User.create(name: "Yitao", email: "yitao@example.com")
# => #<User id: 3, name: "Yitao", email: "yitao@example.com", created_at:
"2013-09-15 13:17:49", updated_at: "2013-09-15 13:17:49">
User.create(name: "Ed", email: "ed@example.com")
# => #<User id: 4, name: "Ed", email: "ed@example.com", created_at:
"2013-09-15 13:25:39", updated_at: "2013-09-15 13:25:39">
User.create(name: "John", email: "john@example.com")
# => #<User id: 5, name: "John", email: "john@example.com", created_at:
"2013-09-15 13:26:00", updated_at: "2013-09-15 13:26:00">
```

既然這些用戶已經存到資料庫，他們的 id、created_a、updated_at 都填入。

# 3.4 搜尋用戶

既然已刪除了剛剛建立的用戶，資料庫裡面現在是沒有用戶的。我們再來建立一些用戶吧。

有的時候我們只是想要找尋並且查看一個用戶的資料，或是我們想要追蹤或是更新一個用戶的文章。這些操作的前提是我們需要先找到那個用戶。

```
rails console
```
```
User.find(5)        # 用戶5號
# => #<User id: 5, name: "John", email: "john@example.com", created_at:
"2013-09-15 13:26:00", updated_at: "2013-09-15 13:26:00">
```

如果我們只有這個用戶的 email 呢？沒問題，一樣可以。

```
rails console
```
```
User.find_by(email: "yitao@example.com")
# => #<User id: 2, name: "Yitao", email: "yitao@example.com", created_at:
"2013-09-15 13:17:49", updated_at: "2013-09-15 13:17:49">
```

find 與 find_by 的 methods 功能原本就包括在 ActiveRecord::Base 裡面。find_by 這個 method 會直接用任何屬性（像 email）找到你的用戶。

# 3.5 更新用戶資料

如果想要修改一個用戶的資料則可以這樣做：

```
rails console
```
```
u = User.find_by(name: "Ed")
u.name = "Edward"
u.email = "edward@example.com"
u.save
```

不過，這樣操作起來有點麻煩。有另一種方法可一次更新幾則資料。

```
rails console
```
```
u = User.find_by(name: "Yitao")
u.update(name: "Yitao Sun", email: "yitaosun@example.com")
```

# 3.6 修改用戶Model

現在的 User model 非常陽春。它的屬性只有 namc 與 email，還缺少 password（密碼）。沒有密碼的話，users 無法認證/登入，所以我們需要修改 User model。其實經常會需要做這樣的事情。

我們不能直接儲存密碼，就算我們的資料庫非常安全。Ruby 有一個 gem 叫做 bcrypt。這個 gem 會幫我們把密碼轉換成一個難破解的隨機字串。這代表說，當有用戶在輸入密碼的時候，會密碼轉換，然後再把它跟我們存到資料庫裡的字串做比對。這樣，我們永遠不需要儲存用戶原本的密碼。就算有駭客入侵的話，用戶的資料也不會洩漏。

現在，先在 Gemfile 裡面啟動 bcrypt gem。這一行只需要取消註解（comment）就好了。

```
Gemfile
...
# To use ActiveModel has_secure_password
gem 'bcrypt-ruby', '~> 3.0.0'
...
```

然後，要利用 bundler 來安裝我們新的 Gem。我們需要養成好習慣，每當修改 Gemfile 的時候都要執行這行命令。

請執行：

```
$ bundle install
```

安裝完新的 gem 後，需要重新開啟伺服器。在伺服器的 console 裡按 Ctrl + C 就會關掉伺服器，然後再輸入 rails server（或是 rails s 縮寫）就會重開了。

我們會需要寫新的 migrations（遷移），在 User 表格裡加入保密過的 password。

```
$ rails generate migration AddUserPasswordDigest
```

另外，在 User 表格裡增加一個 password digest (密碼文摘，即加密過的密碼)的欄位。我們需要為這個創造一個新的 migration。Migration 有一個 helper method (幫手方法)叫做 add_column，可讓我們在現有的表格裡增加欄位。

```
db/migrate/20130804194302_add_user_password_digest.rb
class AddUserPasswordDigest < ActiveRecord::Migration
  def change
    add_column :users, :password_digest, :string
  end
end
```

接下來，將幫 User 的 model 設定密碼。我們可以用 helper method has_secure_password 來設定 User model 裡的密碼。另外，has_secure_password 會讓你可以暫時儲存密碼及雙重確認密碼 (確認密碼只是用於認證的時候。password confirmation 不會儲存到資料庫裡)。另外，你需要把這幾個欄位的權限開放給用戶。如果不開啟權限，用戶登入的時候輸入的資料會被擋掉。

```
app/model/user.rb
class User < ActiveRecord::Base
  has_secure_password
end
```

每次我們建立一個 migration 的時候，必須執行這個 migration 才可以把我們的資料庫更新。

```
$ rake db:migrate
```

我們來看看 password digest 是怎麼一回事，還有用戶如何認證。現在請打開 Rails console (主控台)。

```
rails console
user = User.find_by(email: "[YOUR EMAIL]")
user.password = user.password_confirmation = "secret"
user.save
user
```

```
# => #<User id: 1, name: "[YOUR NAME]", email: "[YOUR EMAIL]", created_at:
"2013-08-02 08:39:53", updated_at: "2013-08-04 19:52:31", password_digest:
"$2a$10$EtsMIUYgnOvml0gob1IXK.OpZsTPRKFO6Yq5/52xdmlF...">
user.authenticate("wrong_password")
# => false
user.authenticate("secret")
# => #<User id: 1, name: "[YOUR NAME]", email: "[YOUR EMAIL]", created_at:
"2013-08-02 08:39:53", updated_at: "2013-08-04 19:52:31", password_digest:
"$2a$10$EtsMIUYgnOvml0gob1IXK.OpZsTPRKFO6Yq5/52xdmlF...">
```

　　看看，我們的 User model 完全不會透露用戶原本輸入的密碼。只要我們輸入正確的密碼，我們就可以成功認證。

# 3.7　驗證資料格式

　　在第二章中，我們寫了一個功能來幫我們看看用戶有沒有輸入有效的email。

```
rails console
class User
  def valid_email?
    (email =~ /\A[^@]+@[^@]+\z/) != nil
  end
end
```

　　上面做的是手動驗證的方法。在 Rails 裡，它已經提供了一個 **Validation (驗證)** 方法(一個全自動查核的手法)，所以查核功能其實不用我們自己寫。Rails 已經幫我們搞定了！

圖3.8　ActiveRecord 提供的 Validation (驗證) 方法

現在讓我們加入 validation 設定，來幫我們確認用戶輸入的 emails 的格式都是正確的。

```
app/models/user.rb
class User < ActiveRecord::Base
  has_secure_password
  validates :email, format: { with: /\A[^@]+@[^@]+\z/ }
end
```

validates（驗證）是一個 ActiveRecord 的方法（method）。它可以讓我們設定一個屬性該有的格式與限制。在這個情況下，我們用 regular expression（regex，正則表達式，或者說是「字串樣版」）來確認 email 的格式是正確的，同時確定每一個輸入的 email 都是獨特的。等一下會再說明到這個部分。

Regular Expressions（或是 Regex）是一個描述字串格式，比對字串的方法。如果有時間的話，你可以多花點時間熟悉一下。它是一個非常強大的一個功能。以下有一些資料可以幫助你學習。

- Rubular (http://rubular.com/)
- 正則表達式 (http://atedev.wordpress.com/2007/11/23/%E6%AD%A3%E8%A6%8F%E8%A1%A8%E7%A4%BA%E5%BC%8F-regular-expression/)
- 正則表達式30分鐘入門教學 (http://deerchao.net/tutorials/regex/regex.htm)

我們上面寫的 Validation 或是任何的 Validation（像 validates）會在輸入或是更新資料到資料庫之前觸發。它在這些狀況下會觸發：

- 建立時（create and create!）
- 儲存時（save and save!）
- 更新時（update and update!）

這些 methods 其實用法很多，有的時候不一定只是單純的 create 指令。有可能是find_or_create_by等複合式的 method。但是，只要記得，如果建立、更新、儲存任何的資料，validation 就會被觸發。

另外，Rails 不會 validate 已經存在的資料。它只會 validate 還沒有輸入但準備要儲存到資料庫裡的資料。

另外，還可以用 validation 去限制一筆資料是否為必填欄位。讓我們來設定用戶。

每個用戶必須有一個 username（用戶名稱），而且它需要有長度的上限(30字元應該夠)。

```
app/models/user.rb
class User < ActiveRecord::Base
  has_secure_password
  validates :name, presence: true, length: { maximum: 30 } #這一行設定必須欄位
+ 長度設定
  validates :email, format: { with: /\A[^@]+@[^@]+\z/ }
end
```

這樣，名字的 validation 應該就搞定了。另外，還要確定 emails 都是獨特的。Rails 有一個 uniqueness（獨特性）的查核功能。我們可以簡單地把它加進去。

```
app/models/user.rb
class User < ActiveRecord::Base
  has_secure_password
  validates :name, presence: true, length: { maximum: 30 }
  validates :email, format: { with: /\A[^@]+@[^@]+\z/ }, uniqueness: true
end
```

另外，email 是不分大小寫。foo@bar.com 與 FOO@bar.com, Foo@Bar.com, fOo@bAr.com 都是一樣的。其實有幾種方式可以達到這個目的。

第一種，我們會需要一個 callback（回呼）。Callback 就是設定某些情況下執行的一個函式（function）。

```
app/models/user.rb
class User < ActiveRecord::Base
    before_save { self.email = email.downcase } # 在儲存之前，把 email 變成小寫
  has_secure_password
  validates :name, presence: true, length: { maximum: 30 }
  validates :email, format: { with: /\A[^@]+@[^@]+\z/ }, uniqueness: true
end
```

另外一種方式是當檢查獨特性的時候，不要分大小寫，直接寫 uniqueness: { case_sensitive: false } 就搞定了。Rails 真的把很多細節都想進去了。

```
app/models/user.rb
class User < ActiveRecord::Base
  has_secure_password
  validates :name, presence: true, length: { maximum: 30 }
  validates :email, format: { with: /\A[^@]+@[^@]+\z/ }, uniqueness: {
case_sensitive: false }
end
```

當我們要確定所有用戶的 emails 都是獨特的時候，我們可以選擇用第一個方式，不過其實兩個方式都不是最好的方法。我們想像：

1. 用戶輸入這筆資料「foo@bar.com」。

2. 用戶點擊「確認」兩次，不小心執行了兩次註冊命令。

3. 第一次的命令成功建立用戶資料，並通過 Validation（但是還沒有儲存進資料庫裡）。記得，就算 Rails build（建立）了一個用戶，不代表它就會被儲存到資料庫裡。Validation 會在資料儲存到資料庫裡之前執行。

4. 第二個（意外）的命令也會成功建立一個用戶紀錄，並通過 Validation 查核。

5. 第一個命令成功儲存。

6. 第二個命令成功儲存。

雖然看起來這像是一個很稀有的情況，但是當你的網站有上千人訪問時，這樣的狀況經常發生。如果你仍不了解以上的例子，以下再用另一個比較真實的案例來解說。

想像我們在 1970 年，電話公司還沒有數位化。Joe 想要註冊一支電話號碼。去電話公司註冊 6688168 這支號碼。工作人員在目錄裡查詢到這個號碼還沒有人使用。Joe 拿到收據，而且他的申請書也通過了。在同一時間，Jerry 也在電話公司這裡，跟另一個工作人員詢問。他也要同一支電話號碼 6688168。工作人員也查了一下目錄，然後發現這個號碼沒有人用。所以 Jerry 的申請也通過了。在這個情況之下，誰會拿到這個電話號碼？

圖3.9　1920 年電話公司

　　這樣，我們需要用一點資料庫的強大功能才可以解決這個問題。資料庫有一個概念叫做 index（目錄、索引值）。我們可以把表格中一個（或是多數的欄位的組合）特別的欄位作為索引值(index)，這跟一本書的目錄很像。如果沒有目錄，則想要找尋一行記錄時，就得整個表格一行一行看。如果擁有一個 index，則可以把這個程序加快許多。

　　資料庫目錄裡的索引值可以被設定為需要獨特性。當我們在編入 email 的索引值跟它們的獨特性的時候，資料庫在儲存之前會先查看這個 email 或是資料的獨特性。在下方的例子裡面，把用戶的 email 變成索引值，代表我們會很常用 email 找用戶資料，並且也可以藉由資料庫的特性幫助確定每一個 email 都是獨特的。

　　如果要把 email 設定為 index，則要利用 migration 把它加進去。

```
$ rails generate migration AddUserEmailIndices
db/migrate/20130803074344_add_user_email_indices.rb
class AddUserEmailIndices < ActiveRecord::Migration
  def change
    add_index :users, :email, unique: true
  end
end
```

　　現在我們來執行 migration 來更新資料庫。

```
$ rake db:migrate
```

Okay，我們現在已經確定所有用戶的 email 都是獨特的。

其實還有一些其他的 validation 方式。使用方法很直接。當然，你也可以寫出自己的 valiadtion 方法/功能，不過在這個課程裡不會說明，因為本書的 App 不會用到。

- acceptance（接受性）：確認一個 checkbox（複選框）是否勾選。對於勾選已閱讀服務條款這類的情況很有用。

- confirmation（確認性）：確認兩個表格輸入的資料完全一樣。適用於密碼及再次輸入密碼（密碼確認）。

- exclusion（排除性）：確認資料裡不能包括一個 value（值）。

- inclusion（包括性）：確認資料裡必須包括一個 value（值）。

- numericality（數字性）：確認數字格式與範圍（range）。

- absence（空缺性）：確認資料是空白的。

# CHAPTER 04

# 檢視、控制器（用戶註冊、登入、登出）

在第三章裡，已解釋怎麼加 password digest（密碼）到 User 的 model 裡。我們開啟了 console（主控台）之後，然後測試 user.authenticate 這個方法，但是沒有真正使用到它。

現在是我們實際運用的時候了。在本章中，我們會透過開發一個認證系統來間接學習 controllers（控制器）及 views（檢視）。這個認證系統會讓用戶能註冊、登入及登出。

這些功能就是本章所要完成的！

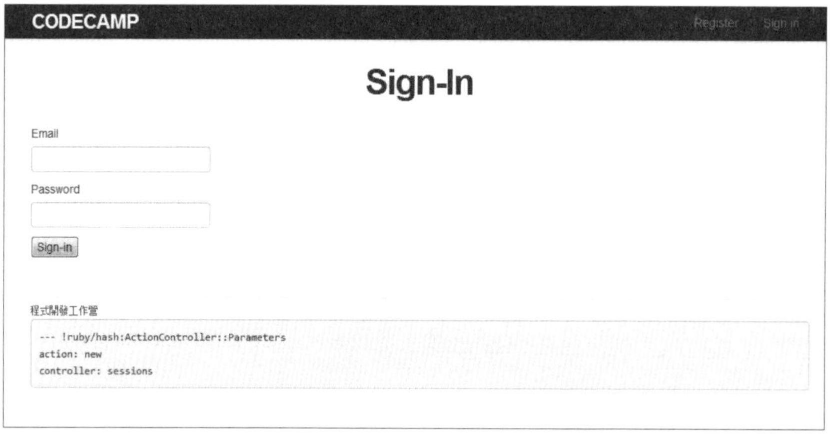

圖4.1　登入畫面

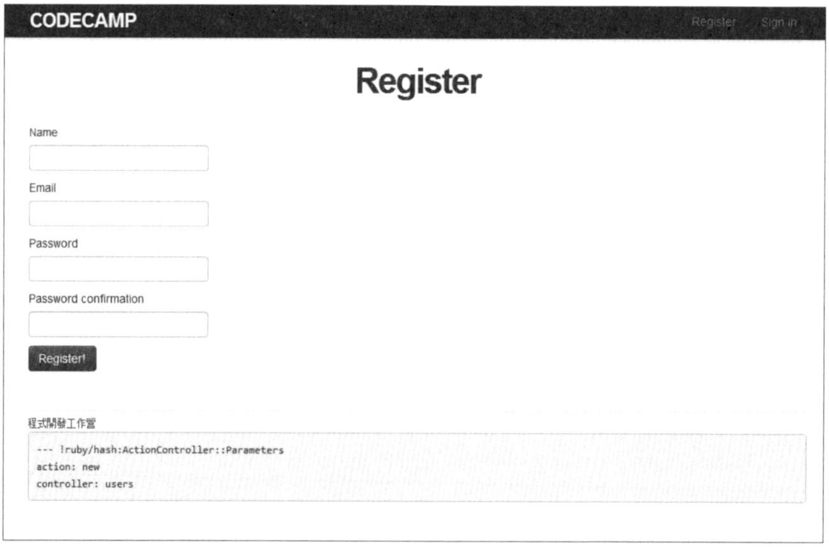

圖4.2　註冊畫面

# 4.1 用戶頁面

在開發認證系統之前，先很快地建立用戶的 Profile 頁面(用戶頁面)。

記得嗎？我們在第一章裡面已經執行了這一行：

```
$ rails generate scaffold User name:string email:string
```

### 建立 User Controller

圖4.3 建立 User Controller 解說

所以，User 的 controller 已經被建立了。裡面的 actions 也都先初步建立好，不過還不完整。

一般，我們不會每次都會用 scaffold 建立 User 這個角色或其他的角色架構。

所以，當我們沒有用 Scaffold 建立所有 User 的總架構時，要先手動建立一個用戶控制器UserController。這裡由於已經用了 scaffold，因此不會需要執行下面的命令。

```
$ rails generate controller UsersController new create show
```

有沒有注意到筆者後來加入的參數 new create show。這個 generator (建立者) 會幫筆者在建立 UserController 的時候，同時在 UserController 裡面建立 new (創新)、create (建立)及 show (顯示)等三個 actions (動作)。

在 MVC 裡面沒有 A，那麼 Action (動作)是什麼呢？一個 action 是一個控制器的處理程序 (handler)，即功能。例如，使用瀏覽器到某用戶頁面 (http://localhost:3000/users/1)訪問，會直接被系統翻譯成 UserController 裡面的的 show action。所以，在 Rails 的世界裡，一個 controller 包含所有它底下的 actions (動作)，或是它能做的事情。

我們看看預設的 show 功能。

### app/controllers/users_controller.rb

```ruby
class UsersController < ApplicationController
  before_action :set_user, only: [:show, :edit, :update, :destroy]
  ...
  def show
  end
  ...

  private
    # Use callbacks to share common setup or constraints between actions.
    def set_user
      @user = User.find(params[:id])
    end

end
```

## 找某用戶

**圖4.4　找尋 User 解説**

空的？ 其實不是。控制器有設定在每一個 action 開始之前運用 callback 呼叫 set_user。set_user 以 params[id] 找到一位用戶，然後儲存在 @user 裡。在 action 執行結束後，Rails 會很聰明地自動尋找相應的模板 (app/views/users/show.html.erb) 來顯示頁面。

如果 action 的名稱與顯示的 template 不一樣的時候，會需要特別用 render 去指定要用哪一個 template。例如，show 的 action 想要顯示show1.html.erb，則需要特別去指定 (render 'show1.html.erb')。

## Controller 怎麼找到對應的 View

app/views/controller_name/action_name.html.erb

控制器名稱　　　　　　Action 的名稱

所有檢視檔案都在這裡面

圖4.5　Rails 如何找到 Controller 對應的 View

接下來，來稍微改變一下用戶 (User Profile) 頁面。

```
app/views/users/show.html.erb
<h1>
  <%= gravatar_for @user %>
  <%= @user.name %>
</h1>
```

在 ERB template (模板)裡，還是可以執行 Ruby/Rails 的程式(包括直接用 helper 幫手的 methods)。只要使用 <% %> 以及 <%= %> 的標籤把 Ruby/Rails 的程式包起來就好了。

第一組標籤 <% %>，只會執行包在裡面的程式，另一組標籤 <%= %>，不只會執行裡面的程式，而且它會把執行出來的 return value (返回值) 輸出。在上面的程式裡，我們用了兩次 <%= %>。

<% %> = 執行就好，不要輸出

<%= %> = 執行之後，把結果輸出

圖4.6　<% %> <%= %> 之間的差別

第一行， `<%= gravatar_for @user %>` 是一個我們還沒有寫出來的 helper method (幫手方法)。這行會顯示出用戶的 avatar icon (大頭照/圖樣)，如 Gravatar (https://gravatar.com/)，一個外國專門幫你整合大頭照的一個服務。

第二行 `<%= @user.name %>` 會輸出用戶的名字。暫時先這樣，當有更多的功能之後再回來更新用戶頁面。

接著，寫出 `gravatar_for` 的 helper method。在 Rails 裡，有一種特定寫 helper 方式的手法。讓我們先開啟 app/helpers/users_helper.rb，然後在 UsersHelper 的 module (模組)裡面寫。

**app/helpers/users_helper.rb**

```
module UsersHelper
    def gravatar_for(user)
    gravatar_id = Digest::MD5::hexdigest(user.email.downcase)
    gravatar_url = "https://secure.gravatar.com/avatar/#{gravatar_id}"
    image_tag(gravatar_url, alt: user.name, class: "gravatar")
  end
end
```

我們還沒有討論到太多有關 modules 模組的觀念。在 Ruby 裡，一個 module 叫做 mixin，是一種非常有彈性、可以隨意載入或是插入的一個模件。當 Rails 要 render 一個 template 的時候，它會自動載入`ResourceNameHelpers` (在 Rails 系統裡面的) 這個模組。所以 `gravatar_for` 這個 helper method 會適用於任何`UserController` 裡面的 actions 與 view 的模板。Rails 其實會自動載入 `UserHelper` 到 `UserController` 裡，因為它本來就是 `UserController` 的幫手。Rails 看的就是它之前的「User」。就算 controller 的名字不是 User，Rails 一樣很聰明會把它對應的 Helper module 載入。

第一行的程式看起來有點古怪(`gravatar_id = Digest::MD5:: hexdigest(user.email.downcase)`)，其實它只是在呼叫一個存在於外部遠端 (External) 的函式庫 (Library) 的一個方法 (Method)，幫你把用戶的 email 轉換成雜湊 (Hash)。等一下我們在製作用戶註冊的時候，會對於這點討論更多。Ruby 支援 return (返回) 的命令，但是它並不一定是需要的。在一個 method 的裡面，最後的 value 會自動被儲存為 return value (返回值)。在這個情況下，`gravatar_for` 的 method 會傳回一個連接到一個 gravatar 圖片 的 HTML Tag (HTML 標籤)，即`<img>`。

現在完成了這個功能。先用 console 加入一個用戶吧。

```
user = User.create(name: "[YOUR NAME]", email: "[YOUR EMAIL]", password:
"[SOME PASSWORD]", password_confirmation: "[SOME PASSWORD]")
# => #<User id: 1, name: "[YOUR NAME]", email: "[YOUR EMAIL]", created_at:
"2013-08-05 21:50:48", updated_at: "2013-08-05 21:50:48", password_digest:
"$2a$10$UCJZCX/raQMX.9fF4J/WluCA5t9TPfIqR3H27akWLomR...">
```

我們的新用戶的 id 是 1。我們可以用這個網址看到他的頁面：http://localhost:3000/users/1。

# 4.2　註冊

之前，我們呼叫過在 User model 裡的 `has_secure_password` method。使用那個 method 的時間到了。

我們先從 action new 開始。

**app/controllers/users_controller.rb**

```
class UsersController < ApplicationController
  ...
  def new
    @user = User.new
  end
  ...
end
```

怎麼回事，發生什麼事了？怎麼會這個簡單？！

我們在 new 裡面只是要 controller 初始化一個 empty（空白/未填入）的用戶紀錄/容器（變數 Variable）。接下來，會用一個 form（表格）介面來讓我們輸入這個用戶的資料。

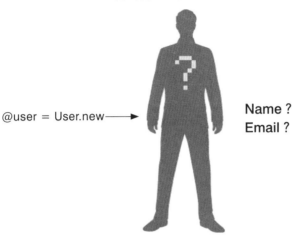

初始化一個 User 物件

@user = User.new →

Name ?
Email ?

圖4.7 初始化 User 變數

**app/views/users/new.html.erb**

```erb
<h1>Sign Up</h1>

<div class="row">
  <%= form_for @user do |f| %>
    <%= f.label :name %>
    <%= f.text_field :name %>

    <%= f.label :email %>
    <%= f.text_field :email %>

    <%= f.label :password %>
    <%= f.password_field :password %>

    <%= f.label :password_confirmation %>
    <%= f.password_field :password_confirmation %>

    <div>
      <%= f.submit "Register!", class: "btn btn-primary" %>
    </div>
  <% end %>
</div>
```

就算你對 HTML 不熟悉，form (表格) 是一個 HTML 的 element (元素)。Form 是一個可以讓用戶輸入並且提交資料的區塊。

我們的 form 裡面有一些非常簡單的註冊資料輸入欄位。現在讓我們來看一下註冊頁面http://localhost:3000/users/new。看起來很不錯吧！

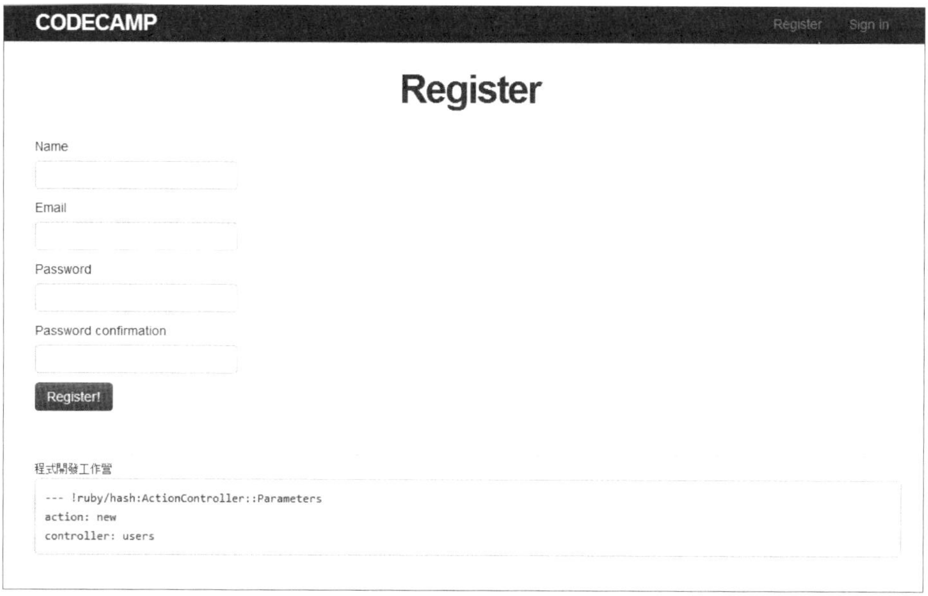

**圖4.8 用戶註冊畫面**

我們現在來看一下 new.html.erb 的 template 產生了什麼樣的 HTML 程式碼。

```
<form accept-charset="UTF-8" action="/users" class="new_user" id="new_user"
method="post"><div style="margin:0;padding:0;display:inline"><input name=
"utf8" type="hidden" value="&#x2713;" /><input name="authenticity_token"
type="hidden" value="TMHw5t99DyjPxIPjf5n2YmKJ/DgGaAHKnO/ZjPumqQE=" /></div>
    <label for="user_name">Name</label>
    <input id="user_name" name="user[name]" size="30" type="text" />

    <label for="user_email">Email</label>
    <input id="user_email" name="user[email]" size="30" type="text" />

    <label for="user_password">Password</label>
    <input id="user_password" name="user[password]" size="30" type=
"password" />

    <label for="user_password_confirmation">Password confirmation</label>
    <input id="user_password_confirmation" name="user[password_confirmation]"
size="30" type="password" />
```

```
    <div>
        <input class="btn btn-primary" name="commit" type="submit"
        value="Register!" />
    </div>
</form>
```

Rails 到底如何規劃 HTML 表格呢？Rails 是一個非常聰明的系統。你有注意到 form_for @user do |f| 嗎？這一行其實就是表示建立一個給 @user 的表格。這一行 f.text_field :name 是一個 form helper（表格幫手）。那行程式是說：建立一個讓用戶輸入他的 name（名字）的字串欄位。其他的 form helpers 的格式也都差不多。如果你知道 HTML forms 的話，你會知道 forms 裡面也可以有 radio buttons（單選按鈕）、check buttons（勾號按鈕）、drop-down selectors（下拉選單）等等。Form helper 也可以做出以上不同的欄位類別。

現在嘗試輸入註冊資料。不過，不管怎麼填，網頁好像卡住了。

沒關係，我們只有寫出一個 new 的 action，讓頁面可以呈現。現在需要修改 create（創造）的 action（動作），以讓我們可以把這個用戶的資料建檔。

### app/controllers/users_controller.rb

```
class UsersController < ApplicationController
  ...
  def create
    @user = User.new(user_params)

    if @user.save
      redirect_to @user, notice: "User was successfully created."
    else
      render action: 'new'
    end
  end
  ...

  private
  ...
    # Never trust parameters from the scary internet, only allow the white
    list through.
    def user_params
      params.require(:user).permit(:name, :email, :password, :password_
confirmation)
    end
end
```

現在註冊應該就會成功了。

## 顯示錯誤訊息

現在嘗試輸入錯誤的密碼，或是一個錯誤格式的 email。

系統沒有框出錯誤指示，而且現在卡在註冊頁面上。如果你回去看 controller，你會看到我們用 `@user = User.new(params[:user])` 初始化了一個用戶 object，然後 `if @user.save` 儲存了這個用戶。由於輸入的資料有錯誤，所以儲存失敗了。在失敗之後，controller 就再次開啟 new 的頁面。

網頁其實已經有錯誤指示，只是我們沒有顯示出來。用瀏覽器看一下 HTML 程式。

```
...
<div class="field_with_errors"><label for="user_password_confirmation">
Password confirmation</label></div>
<div class="field_with_errors"><input id="user_password_confirmation" name=
"user[password_confirmation]" type="password" /></div>
...
```

`<div class="field_with_errors">`，`'field_with_errors'` 這個 CSS 風格代表這輸入有出錯，可是系統沒有解釋到底發生了什麼錯誤。

所以，那些錯誤資料是怎麼來的？Form helper 會讀取 `@user`，然後自動觀察有沒有產生錯誤。Form helper 會依照那些發生錯誤的資料特別指出來。如果我們在 console 裡面執行，就可以直接看到錯誤在哪了。

```
rails console
joe = User.create(name: "joe", email: "joe", password: "secret", password_
confirmation: "password")
#   (0.1ms)  begin transaction
# User Exists (0.1ms)  SELECT 1 AS one FROM "users" WHERE "users"."email"
= 'joe' LIMIT 1
#   (0.1ms)  rollback transaction
# => #<User id: nil, name: "joe", email: "joe", created_at: nil, updated_at:
nil, password_digest: "$2a$10$Na5FDM9Q.mcRkvxLXL84ueYFj0OsCmj8JfBs00FSTUHh..."
> joe.errors
# => #<ActiveModel::Errors:0x007f8c64c1f550 @base=#<User id: nil, name:
"joe", email: "joe", created_at: nil, updated_at: nil, password_digest:
"$2a$10$Na5FDM9Q.mcRkvxLXL84ueYFj0OsCmj8JfBs00FSTUHh...">, @messages=
{:password_confirmation=>["doesn't match Password"], :email=>["is invalid"]}>
joe.errors[:password_confirmation]
# => ["doesn't match Password"]
joe.errors[:email]
# => ["is invalid"]
```

我們特別顯示 `User.create` 出錯時的 `rollback transaction` 短訊。Rollback (回溯) 代表 model 儲存/更新失敗。

這些錯誤指示是被我們之前所寫的 Validations (驗證)的功能所觸發的。

當錯誤發生時，Form 裡指出哪一個欄位發生問題，可以提示我們到底發生了什麼錯誤。我們必須要直接顯示錯誤訊息給用戶，所以我們必須要把在 console 裡看到的錯誤訊息也同樣告知用戶，他們才會知道怎麼解決問題。ActiveRecord (記錄體) 會自動幫我們把錯誤儲存在 `@user.errors` 裡。我們只要把他們輸出就好。

```erb
app/views/users/new.html.erb

<h1>Sign Up</h1>

<div class="row">
    <%= form_for @user do |f| %>
    <% if @user.errors.any? %>
            <div id="error_explanation">
                <div class="alert alert-error">
                    There are <%= pluralize @user.errors.count, "error" %>.
                </div>
              <ul>
              <% @user.errors.full_messages.each do |msg| %>
                <li><%= msg %></li>
              <% end %>
              </ul>
            </div>
        <% end %>
        ...
   <% end %>
...
```

我們幫他加上一點頁面的風格 (CSS)。

```scss
app/assets/stylesheets/scaffold.css.scss

...
/* forms */

#error_explanation {
  color: #f00;
  ul {
    margin-right: 18px;
```

```
  }
}

.field_with_errors {
  @extend .control-group;
  @extend .error;
}
...
```

現在再試一次，在 http://localhost:3000/users/new 裡填入錯誤的資料。錯誤訊息應該會美美的顯示出來了。

## The Flash (快閃訊息)：確認訊息

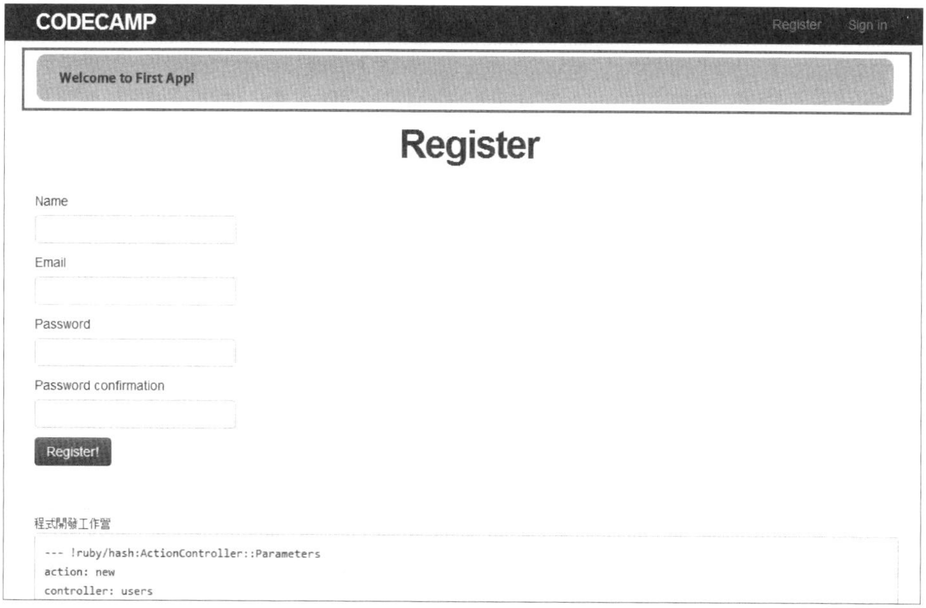

圖4.9　Flash 訊息

回到 http://localhost:3000/users/new。這一次，我們用有效的資料註冊。你現在應該會被轉到新建立的用戶頁面。這個把你轉到首頁的動作是被 controller 裡 user.save 成功之後的下一行 redirect_to root_path 所觸發的。

但是，這樣的手法還是沒有太好。用戶註冊成功時，應該要很明確的讓他們知道註冊成功了。

Rails 提供一個功能，在 Controller 裡面叫做 flash。它其實是一個暫時的 Hash，顯示一次之後就會被清掉了。所以，flash 是一個很好的方法，讓我們顯示一些確認/錯誤訊息。其實，UsersController 已經有為 flash 設定。

```
redirect_to @user, notice: 'User was successfully created.'
```

這一行，`notice: 'User was successfully created.'` 是一個 flash 訊息。

只是 flash 的訊息不會自動顯示的。我們需要把它加入到主模板(app/views/layouts/application.html.erb)中，才可以讓每一個頁面都有可以呈現 flash 訊息。

**app/views/layouts/application.html.erb**

```
...
<!-- Content wrapped in container -->
<div class="container">
    <% flash.each do |key, value| %>
      <div class="alert alert-<%= key %>"><%= value %></div>
    <% end %>
  <%= yield %>
    <%= render :partial => "layouts/footer" %>
    <%= debug(params) if Rails.env.development? %>
</div>
...
```

### Flash 訊息構造

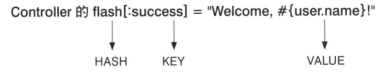

Controller 的 flash[:success] = "Welcome, #{user.name}!"

HASH     KEY     VALUE

送到view: application.html.erb

然後在 `<% flash.each do |key, value|%>` 這個區塊裡執行

`<div class="alert alert-<%= key %>"><%= value %>=`
`<div class="alert alert-success">Welcome, Edward</div>`

圖4.10　Flash **訊息構造**

記得在第二章中，我們把一個 array 裡的資料一個一個地輸出。之前寫的程式會按照 flash 的 hash 裡的 key 與 value 輸出。所以，我們會把 flash[:notice] 這行顯示成：

```
<div class="alert alert-notice">User was successfully created.</div>
```

現在回到 http://localhost:3000/users/new，然後再註冊另一個用戶。註冊成功之後，你應該會看到正確的確認訊息。

其實，這個訊息看起來不好看，而且沒有客製化，我們稍微修改一下，把 "notice" 換成是 "success"

**app/controllers/users_controller.rb**

```
...
def create
  @user = User.new(user_params)

  if @user.save
    flash[:success] = "Welcome, #{@user.name}!"
    redirect_to @user
  else
    render action: 'new'
  end
end
...
```

# 4.3　規劃登入、登出功能

用戶可以註冊以後，應該也要可以登入及登出。如果我們要製作這個功能的話，必須先懂 sessions（時域）這個概念。

## Sessions（時域）

一個網站會幫一個用戶在它的瀏覽器裡建立一段 session（時域），所以用戶登入之後，這個網站可以查詢用戶瀏覽器裡建立的 session，以便知道現在登入的用戶是哪一位。

要了解如何讓你的網站更加安全，就一定要了解 sessions 是怎麼運作。但是，我們在本書中只會專注在 Rails 最陽春的 session 設定。

在 Rails 裡，controller 可以訪問 session 裡的 Hash 資料。我們現在很快地在我們的 App 裡建立一個 root#sandbox的 action。我們先在 **routes.rb** 裡加一個路徑。

**config/routes.rb**

```
FirstApp::Application.routes.draw do
  resources :users
  get '/sandbox', to: 'root#sandbox' if Rails.env.development?
  root to: 'root#home'
end
```

在程式裡面，這一行 Rails.env.development? 意思是說我們只會設定這個路徑，如果我們在開發 (Development) 的環境裡。

然後再把這個 action 加到 controller 裡。

**app/controllers/root_controller.rb**

```
class RootController < ApplicationController
  ...
  def sandbox
    session[:our_data] = 1234
  end
  ...
end
```

最後，我們再建立 Sandbox 的 View。

**app/views/root/sandbox.html.erb**

```
<%= session.inspect %>
```

{"session_id"=>"6246b742b44823aabc7584a183e2Be73", "_csrf_token"=>"PTn/cliQXzVfgwqBXXwma+B7D9XN/tzWIc0fDP3BTxA=",
"our_data"=>1234

程式開發工作營

```
--- !ruby/hash:ActionController::Parameters
action: new
controller: users
```

圖4.11　Sandbox 畫面（顯示 session.inspect 資料）

　　inspect（檢查）是一個很好用的功
能。它可以幫你把一個物件的資料全部攤
出來看。這個很適合我們現在要做的事
情。我們要把 Session 裡的資料攤出來
看。現在請先開啟 Sandbox 頁面 http://
localhost:3000/sandbox。 Sandbox 的意
思就是一個沙丘，讓你可以玩耍（測試程
式碼）的地方。

圖4.12　Sandbox（沙丘）

　　我們看到 session 是一個 hash。它包含一個 keys：session_id、_csrf_
token、還有 our_data（我們剛剛加的）。現在我們到 controller 裡設定 our_
data 這行 comment out（註釋掉）。

**app/controllers/root_controller.rb**

```ruby
class RootController < ApplicationController
  ...
  def sandbox
    # session[:our_data] = 1234
  end
  ...
end
```

現在重新開啟 Sandbox 頁面 http://localhost:3000/sandbox 。Hash 裡還是會有 our_data！，就算我們已經把 session[:our_data] 註釋掉了。我們沒有特別要求把這個資料從 session 裡刪除掉，所以瀏覽器裡還會儲存那筆資料。

這個其實就是我們想要的：瀏覽器會留住這筆資料。我們現在就用這個功能讓用戶可以登入及登出。

## SessionToken (時域代幣)

我們需要做的是辨識現在的用戶是哪位。另外，我們也不能讓用戶有機會可以隱瞞他的身分，因此我們不行直接儲存一個用戶的 id 在 session 資料裡。我們需要建立一個特別及獨特的 session token (時域代幣)。每一個用戶的 session token 都是不一樣的，而且非常難破解。你也可以把 session token 想像成一個加密過的辨識碼。

我們需要加一個新的 session_token 到 User model 裡。要先建立一個新的 migration 來加入一個新的欄位。

```
$ rails generate migration AddUserSessionToken
```

**db/migrate/20130805230736_add_user_session_token.rb**
```
class AddUserSessionToken < ActiveRecord::Migration
  def change
    add_column :users, :session_token, :string
    add_index :users, :session_token, unique: true
  end
end
```

別忘了 rake db:migrate。

接著要更新 User model 的檔案 (user.rb)。

**app/models/user.rb**
```
class User < ActiveRecord::Base
    before_save { self.email = email.downcase }
  before_save { self.session_token ||= Digest::SHA1.hexdigest(SecureRandom.
  urlsafe_base64.to_s) }

  has_secure_password
  validates :name, presence: true, length: { maximum: 30 }
  validates :email, format: { with: /\A[^@]+@[^@]+\z/ }
end
```

我們增加了 `:session_token`，然後加了一個 `before_save` 的 callback（回呼），所以每當建立一個用戶的時候，系統都會產生一個 token。但是，現已存在的用戶都還沒有 tokens，所以必須手動在 console 幫他們建立 token。

```rails console
User.all.each { |user| user.save(validate: false) }
User.first.session_token
# => "-N5kKfjLL7aE3jkwhaWP7A"
```

所要執行的就是讓每一個 user 再儲存一次。因為已寫 `before_save` 這一行，所以我們可以重新給每一個用戶建立一個新的 session_token。

成功了！現在我們所有的用戶跟未來的用戶都會有獨特的 session_tokens。

你會發現到，只要是一些比較敏感的資料，我們會特別把它們加密保護。

# 4.4 登入

Rails 會把 sessions 看做 resources（資源，記得 RESTful 嗎?），因為 sessions 很符合 RESTful 的規範。我們可以用sessions#new 作為登入頁面，sessions#create 為登入動作，而 sessions#destroy 為登出動作。

接下來，我們需要建立 SessionsController。

```
$ rails generate controller Sessions new create destroy
```

其實在這個稀有的情況，generator 建立者（`generate`）會把 sessions 的路徑建立錯誤。但這個不是 generator 的錯，這是 sessions 算是一個比較特別的「角色」。它雖然有 controller，但是它沒有 model。原因是 session 在任何的情況，都不會需要實體化一個物件或是 instance 出來，因為它不是一個對外的資源。

比較簡單的說法，就是 sessions 算是 resources，也就是說我們將它的路徑設定成符合 RESTful 的標準。

```
config/routes.rb
FirstApp::Application.routes.draw do
  # 把這些 routes 刪掉
  # get "sessions/new"
  # get "sessions/create"
  # get "sessions/destroy"
  resources :users
  resource :session, only: [ :new, :create, :destroy ]
  get '/sandbox', to: 'root#sandbox' if Rails.env.development?
  root to: 'root#home'
end
```

　　`resources :session, only: [:new, :create, :destroy]` 的意思是說，`:session` 這個資源 (resources)，只有三個 actions: new (建新)、create (建立) 與 destroy (刪除)。

　　sessions#new 不需要我們寫任何的程式。我們直接去修改一下它的 view。

```
app/views/sessions/new.html.erb
<h1>Sign-In</h1>
<%= form_for :session, url: session_path do |f| %>
    <%= f.label :email %>
    <%= f.text_field :email %>

    <%= f.label :password %>
    <%= f.password_field :password %>

    <div class="actions">
    <%= f.submit "Sign-in" %>
  </div>
<% end %>
```

　　這個 template 跟我們的註冊 template app/views/users/new.html.erb 很像。既然 sessions 不是一個 Rails 的 model，那 helper `form_for` 就會需要多餘的參數命令它如何把 session 看待成一個 resource (資源)。我們來看一下註冊頁面 (http://localhost:3000/session/new)。

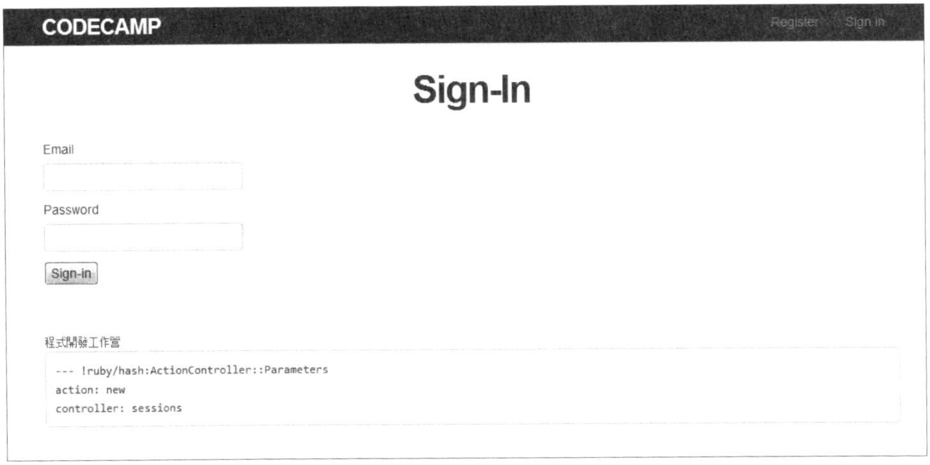

**圖4.13 登入畫面**

就像是註冊的程序，我們需要把 action 寫在 SessionsController 裡，這樣我們才可以處理從 sessions#new 送發出來的資料。

app/controllers/sessions_controller.rb

```ruby
def create
  @user = User.find_by_email(params[:session][:email]) #用 session 裡面的
  email 資料找到用戶
  if @user && @user.authenticate(params[:session][:password]) # 如果用戶
  找到了，跟輸入的密碼也是正確的，那就把我們的用戶登入
      # sign-in our user
  else
      flash.now[:error] = "Invalid email/password combination"
      render "new"
  end
end
```

嘗試登入錯誤看看。它現在應該會在登入頁面裡顯示錯誤。

現在，嘗試登入正確看看。現在我們在 users#create 裡面沒有寫登入成功之後應該被轉到哪一個頁面，因此會被直接送到首頁。

我們現在來把登入功能完成，設定好登入成功之後的頁面。

```
app/controllers/sessions_controller.rb
def create
  @user = User.find_by_email(params[:session][:email])
  if @user && @user.authenticate(params[:session][:password])
      # sign-in our user
      session[:session_token] = @user.session_token
      flash[:success] = "Welcome back, #{@user.name}!"
      redirect_to @user
  else
      flash.now[:error] = "Invalid email/password combination"
      render "new"
  end
end
```

有沒有注意到我們為了登入失敗時設定了 flash.now。flash.now 會在 flash 的 hash 執行過一次之後把這個 hash 清除掉。這個 now 可以防止在你登入成功之後還是顯示發生錯誤的訊息。

現在已正式登入了！

## 登入之後

我們把 header (網頁頂部)修改一下，至少讓人看得出已分為已登入及未登入的用戶。

在我們修改 header 之前，要先寫一些 helper methods (幫手方法)，讓我們不用每次都需要重複寫一些常用的功能。現在請打開 SessionsHelper 檔案。現在要先加三個 helper moethods: signed_in?、sign_in與current_user。看了這些名稱之後，你應該可以猜出來它們的功用是什麼吧？

```
app/helpers/sessions_helper.rb
module SessionsHelper
    def sign_in(user) # 把用戶登入
        session[:session_token] = user.session_token
    end

    def signed_in? # 用戶登入了嗎？
        !current_user.nil?
    end

    def current_user # 現在登入的用戶
```

```
        @current_user ||= User.find_by_session_token(session[:session_token])
    end

  def current_user?(user) # 這個用戶是現在登入的用戶嗎？
    current_user == user
  end
end
```

我們更新一下 header。

**app/views/layouts/application.html.erb**

```
...
<header class="navbar navbar-fixed-top navbar-inverse">
  <div class="navbar-inner">
    <div class="container">
      <%= link_to "FirstApp", '#', id: "logo" %>
      <nav>
        <ul class="nav pull-right">
          <li><%= link_to "Home",    '#' %></li>
          <% if signed_in? %>
            <li><%= link_to "Users", '#' %></li>
            <li id="fat-menu" class="dropdown">
              <a href="#" class="dropdown-toggle" data-toggle="dropdown">
                <%= current_user.name %> <b class="caret"></b>
              </a>
              <ul class="dropdown-menu">
                <li><%= link_to "Profile", current_user %></li>
                <li><%= link_to "Settings", '#' %></li>
                <li class="divider"></li>
                <li>
                  <%= link_to "Sign out", session_path, method: "delete" %>
                </li>
              </ul>
            </li>
          <% else %>
            <li><%= link_to "Sign in", new_session_path %></li>
          <% end %>
        </ul>
      </nav>
    </div>
  </div>
</header>
...
```

　　新的 header 需要用到 Bootstrap Javascript Library（這是一個讓網站增加很多特效的一個函式庫），所以只要直接安裝 bootstrap-sass gem 就可以了。我們只需要把它 include（包括）在我們的主要的 javascript 檔案（application.js）裡面就好了。

```
app/assets/javascript/application.js
...
//= require jquery
//= require jquery_ujs
//= require turbolinks
//= require bootstrap
//= require_tree .
```

　　我們現在可以重新開啟任何的頁面，然後試著修改 header 了解會有怎麼樣的效果。

　　我們在 SessionsHelper 裡面加了 helpers 之後，再回到 controller 裡面。第一，我們要把這個 helper 連接到 controller 裡面。當我們把 SessionsHelper 加入到 ApplicationController（所有其他的 controllers 都繼承 ApplicationController 的功能），所有其他的 controller 也能利用 SessionsHelper 裡面的 methods。

```
app/controllers/application_controller.rb
class ApplicationController < ActionController::Base
  protect_from_forgery
  include SessionsHelper
end
```

　　這允許我們把之前在 sessions#create 裡手寫的登入功能替換掉。

```
app/controllers/sessions_controller.rb
class SessionsController < ApplicationController
    ...
  def create
    @user = User.find_by_email(params[:session][:email])
    if @user && @user.authenticate(params[:session][:password])
        # sign-in our user
        sign_in(@user)
```

```
        flash[:success] = "Welcome back, #{@user.name}!"
        redirect_to @user
    else
        flash.now[:error] = "Invalid email/password combination"
        render "new"
    end
  end
  ...
end
```

`sign_in` 的 `helper` 也會讓剛註冊完的用戶馬上自動登入。

app/controllers/users_controller.rb

```
class UsersController < ApplicationController
   ...
  def create
    @user = User.new(params[:user])
    if @user.save
      sign_in @user
      flash[:success] = "Welcome, #{user.name}!"
        redirect_to root_path
    else
        render "new"
    end
  end
  ...
end
```

我們終於完成了登入的功能。

# 4.5 登出

跟我們之前需要寫的註冊及登入功能，登出會比那兩個功能簡單許多。

就讓我們在 `SessionsHelper` 裡寫出 `sign_out helper`。

```
app/helpers/sessions_helper.rb
module SessionsHelper
    ...
    def sign_out
        @current_user = nil
        session.delete(:session_token)
    end
  ...
end
```

這個功能是把 `current_user` 設定為 `nil`，然後會把 `session_token` 從 `session` 刪除掉。我們現在把這個功能加到 `SessionsController` 裡。

```
app/controllers/sessions_controller.rb
class SessionsController < ApplicationController
  ...
  def destroy
    sign_out
    redirect_to root_path
  end
end
```

就這樣，現在嘗試登入後登出，確定操作都沒有問題。

# CHAPTER 05

# 用戶與貼文

到目前為止，我們的課題都只有提到一個 model（那就是 User model）。但是，一個正常的 App 應該都要有不只一個角色。現在就讓我們放進 Post（短文）model，好讓用戶可以開始貼文。

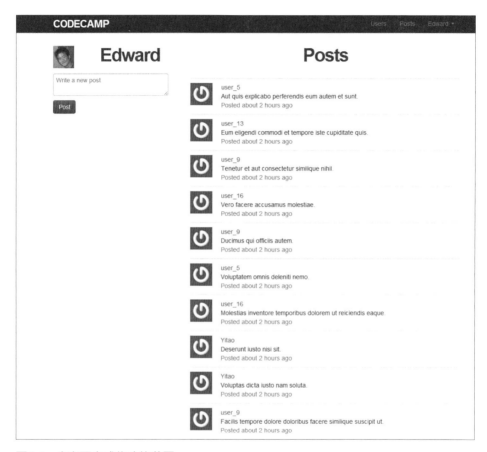

**圖5.1　本章要完成的功能截圖**

# 5.1　短文 (Post) Model 設定

一個 Post（短文）只是可以讓用戶寫入文字的一個容器。現在就開始來設計這個 model 吧。

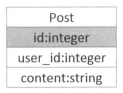

圖5.2　Post Model 的屬性

　　Post model 應該要有兩個欄位。一個是 content（內容）欄位，用來儲存用戶寫的文字，還有一個 user_id 欄位。user_id 也是一個特別的 reference（參考）類別的資料，它可以用關聯性的連接去找到這個短文的作者是哪一個用戶。

　　一個短文只可以有一個用戶。

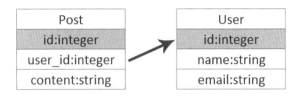

圖5.3　Post 與 User 之間資料的連接點：短文只可以有一個用戶

　　但是一個用戶可以有多數的短文。

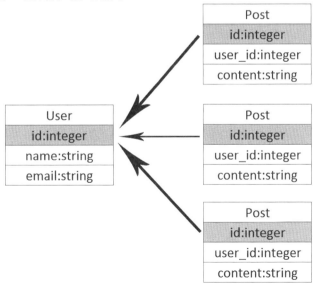

圖5.4　User 與 Post 之間資料的連接點：用戶可以有很多的短文

那現在就讓我們來看看怎麼把它轉換成程式。我們來用 `rails generate` 來產生 Post model。

```
$ rails generate model Post user:references content:string
```

### 建立 Post Model

**圖**5.5　建立 Post Model **解說**

然後再執行 `rake db:migrate`，把 Post 建立在資料庫裡面。

有沒有看到 `user:references`？references（參考）的設定會在 Post 的 model 裡面加入一個 `user_id`，也就是說，這個 Post 的 model，連接到一位用戶 (User)。

我們現在來看看這個 model 長什麼樣子。

**app/models/post.rb**
```
class Post < ActiveRecord::Base
  belongs_to :user
end
```

Method `belongs_to`（屬於）會產生一個把短文與用戶連接起來的一個 **association (關聯性)**。這是 Rails 幕後自動做連接的程序，因為我們建立 Post model 的時候，有加入這條 `user:references`。`belongs_to` 的英文意思很直接，即「它屬於用戶的」。而 `belongs_to` 另外一種解釋方法也可以說是「有一個」。所以 `belongs_to :user` 可以解釋成，每一個短文有一個用戶。

再來，我們來看一下 User 的 model。我們需要把 has_many :posts 這一行加進去。現在看到 has_many :posts 另一個設定。has_many 就是說「有很多」。所以這行的設定即「用戶有很多的短文」。

```
app/models/user.rb
class User < ActiveRecord::Base
    has_many :posts

    before_save { self.email = email.downcase }
  before_save { self.session_token ||= Digest::SHA1.hexdigest(SecureRandom.
  urlsafe_base64.to_s) }
    has_secure_password
  validates :name, presence: true, length: { maximum: 30 }
  validates :email, format: { with: /\A[^@]+@[^@]+\z/ }, uniqueness: true
end
```

這個 User 至 Post 的 **Relationship (關係)** 是一對多的關係。其實 Model 與 Model 之間有其他的關聯性設定，但是我們不一定每一個都會在本書裡面介紹，現在只需要知道我們需要用到的就好了。關聯性這個功能的功用可以讓我們的程式單純、可讀性高。

等一下當我們要寫出一些 controller actions 的時候，你就可以看到關聯性多麼好用。

另外，在這些程式裡面，有時候我們會用到 self 這個變數。其實它的意思就是「自己」。例如，self.save 就是「儲存自己」(像是 @user)。

# 5.2 貼文

建立短文其實很簡單。我們接下來要做的就是建立一個 Post 的 controller (控制器)。

```
$ rails generate controller Posts new create
```

因為是用 rails generate controller，而不是 rails generate scaffold，所以我們需要手動更改路徑 (routes.rb)。

```
config/routes.rb
FirstApp::Application.routes.draw do
  resources :users
  resources :posts
  resource :session, only: [ :new, :create, :destroy ]
  get '/sandbox', to: 'root#sandbox' if Rails.env.development?
  root to: 'root#home'
  ...
```

當我們要產生一個新的 Post 容器的時候，我們不要用 `Post.new`。因為 User 與 Post 之間有關聯性，所以我們好好利用之前設定的關聯性（association），以特別的方法建立 Post 容器，如此系統才會知道這個 Post 要跟 User 做連接。接下來將去修改 posts_controller.rb。

```
app/controllers/posts_controller.rb
class PostsController < ApplicationController
  def new
      @post = current_user.posts.build # 我們用 current_user.posts.build
  end

  def create
      @post = current_user.posts.build(create_params) # 我們用 current_user.
      posts.build
      if @post.save
          flash[:success] = "Posted successfully"
          redirect_to root_path
      else
        render "new"
      end
  end

  private

  def create_params
    params.require(:post).permit(:content)
  end
end
```

這個 controller 其他的地方跟 `UsersController` 很像，只有 `build` 這個指令是我們沒有見過的。我們用 console 來仔細的看一下 `current_user.posts.build` 到底做什麼。

在我們的 user.rb 裡面，有用到 has_many :posts (複數)。這就是為什麼我們是寫 current_user.posts，而不是 current_user.post。其實這段程式是按照在 User model 裡面設定的。相同的，我們如果要找到一個短文的作者，是寫 @post.user，而不是 @post.users，因為我們在 post.rb 裡面寫的就是 belongs_to :user (單數)。

```
user = User.first              # 隨便選一個用戶
# => #<User id: 1, name: "Yitao", email: "yitao@startitup.co", created_at:
"2013-08-09 06:46:22", updated_at: "2013-08-09 06:46:22", password_digest:
"$2a$10$55AZQjolkEXdLZP3mFnGruKMxRomm6nAveXhOwNbCxY4...", session_token:
"64miGygUalV_bWVfp1K7zQ">
post = user.posts.build        # 用 user.posts 來建立新的 post
# => #<Post id: nil, user_id: 1, content: nil, created_at: nil, updated_at:
nil>
```

記得當我們用 User.new 的時候，所有的欄位都是 nil？我們這次 Post 的作者 (user_id) 有先被填入，因為使用了特別的 constructor (建設者) 幫我們在建新一個 Post 的時候，幫我們把它的關聯性資料自動填入。所以，之前我們建立 Post Model 的時候有寫過 user:references，意思就是說，「每一個 Post 需要有一個欄位，用來跟我們說貼這個短文的用戶id (user_id) 是什麼」，然後系統後續可以用這個 id 自動幫我們找出這個 id 的主人是誰。

接下來，如果你在沒有登入的狀況開啟頁面，網站會遇到錯誤，因為它不知道要用哪個用戶去建立一個新的 post 變數 @post = current_user.posts.build。所以一定要先登入才可以運作！current_user 就是「現在登入的用戶」，如果沒有登入的話，current_user 將不存在的。

再來，我們還沒有幫 Post 設定任何的認證，所以內容可以是任何的東西，連空白都可以！我們需要禁止用戶填入空白的訊息或是太長的訊息。

**app/models/post.rb**

```ruby
class Post < ActiveRecord::Base
  belongs_to :user
  validates :user_id, presence: true
  validates :content, presence: true, length: { maximum: 140 }
end
```

　　我們也多加了一個驗證的方法來查看 `user_id` 這個欄位裡的資料是否存在。基本上，一個短文必須要有一個 User 作者。就算現在想要建立一個沒有作者的短文 (因為我們用 `build` 的方式會防止這個問題產生)，我們還是需要防範。另外，在測試的時候會用到 console，所以還是有可能會出錯。只要我們有寫出檢驗的程式，就不必要寫出任何其他的防範措施。

　　另外，我們也要把貼文的介面寫出來。我們就簡單一點，直接從已經產生出來的介面 app/views/post/new.html.erb 修改。

```
app/views/posts/new.html.erb

<%= form_for @post do |f| %>
  <%= render "shared/form_errors", record: @post %>

  <div class="field">
    <%= f.label :content %><br>
    <%= f.text_field :content %>
  </div>

  <div class="actions">
    <%= f.submit "Post", class: "btn btn-primary" %>
  </div>
<% end %>
```

　　我們把跟 app/views/users/new.html.erb 共用部分拉出來，放在一個新的 partial (局部) 模板裡，好讓同樣的 partial template (局部模板) 可以重複使用。

```
app/views/shared/_form_errors.html.erb

<% if record.errors.any? %>
  <div id="error_explanation">
    <h2><%= pluralize(record.errors.count, "error") %> prohibited this <%=
    record.class.model_name.human %> from being saved:</h2>

    <ul>
    <% record.errors.full_messages.each do |msg| %>
      <li><%= msg %></li>
    <% end %>
    </ul>
  </div>
<% end %>
```

　　現在開啟 http://localhost:3000/posts/new。我們沒有設計這個 view，因為它只是暫時的。等一下還會建立一個新的頁面來包含 posts#new。

有了 app/views/shared/_form_errors.html.erb 這個模板，我們把 app/views/users/new.html.erb 也修改一下吧。

app/views/users/new.html.erb

```
<h1>Sign Up</h1>

<div class="row">
  <%= form_for @user do |f| %>
    <%= render "shared/form_errors", record: @user %>

    <%= f.label :name %>
    <%= f.text_field :name %>

    <%= f.label :email %>
    <%= f.text_field :email %>

    <%= f.label :password %>
    <%= f.password_field :password %>

    <%= f.label :password_confirmation %>
    <%= f.password_field :password_confirmation %>

    <div>
      <%= f.submit "Register!", class: "btn btn-primary" %>
    </div>
  <% end %>
</div>
```

# 5.3 顯示所有短文

我們要貼文讓其他人看到。接下來，利用 index 的 action 把所有的短文都顯示並輸出。

app/controllers/posts_controller.rb

```
class PostsController < ApplicationController
    def index
        @posts = Post.all
    end
    ...
end
```

我們現在製作一個簡單的模板來顯示 index action 的 view 頁面。

**app/views/posts/index.html.erb**

```
<h1>Posts</h1>
<ul class="posts">
    <% @posts.each do |post| %>
        <li class="post">
            <%= link_to gravatar_for(post.user), post.user, class:
            "gravatar" %>
            <%= link_to post.user.name, post.user, class: "user" %>
            <%= content_tag :span, post.content, class: "content" %>
            <%= content_tag :span, "Posted #{time_ago_in_words(post.
            created_at)} ago", class: "timestamp" %>
        </li>
    <% end %>
</ul>
```

再來，更新一下 `gravatar_for` 的程式。

**app/helpers/users_helper.rb**

```
module UsersHelper
    def gravatar_for(user, option = { size: 50 })
    gravatar_id = Digest::MD5::hexdigest(user.email.downcase)
    gravatar_url = "https://secure.gravatar.com/avatar/#{gravatar_id}?s=
    #{option[:size]}"
    image_tag(gravatar_url, alt: user.name, class: "gravatar")
  end
end
```

`content_tag` 是一個 Tag Helper (標籤幫手)。在 Rails 裡，它有很多的 tag helpers，像是`image_tag`、`link_to`，但是 content_tag 是一個通用的 tag。tag helpers 的功用是方便把程式轉換成 HTML 的元素。我們來看看到底要怎麼運用它。

**rails console**

```
include ActionView::Helpers::TagHelper
content_tag :span, "Hello World"
# => "<span>Hello World</span>"
user = User.first
content_tag :span, user.name, class: "user", user_id: user.id
# => "<span class=\"user\" user_id=\"1\">Yitao</span>"
```

我們現在加入一點風格來讓它看起來好看一點。

```
app/assets/stylesheets/scaffolds.css.scss
```

```scss
...
/* posts */

.posts {
  list-style: none;
  margin: 10px 0 0 0;

  li {
    padding: 10px 0;
    border-top: 1px solid #e8e8e8;
  }
}
.content {
  display: block;
}
.timestamp {
  color: $grayLight;
}
.gravatar {
  float: left;
  margin-right: 10px;
}
...
```

你現在會看到一個所有短文的目錄 http://localhost:3000/posts。

## 5.4 複合式介面

比較有邏輯的做法其實是把 posts#index 與 posts#new 放在同一頁。我們第一件事情要做的是把兩個頁面所需要的 actions 融合在一起。

```
app/controllers/posts_controller.rb
```

```ruby
class PostsController < ApplicationController
    def index
        @posts = Post.all
        @post = current_user.posts.build # 在 index 頁面建立一個 @post 容器，
        讓我們可以建立短文
    end
```

```ruby
  def create
    @post = current_user.posts.build(create_params)
    if @post.save
        flash[:success] = "Posted successfully"
        redirect_to posts_path
    else
      render "new"
    end
  end

  private

  def create_params
    params.require(:post).permit(:content)
  end
end
```

再來，我們把貼文的表格放入到 index 的模板裡。

**app/views/posts/index.html.erb**

```erb
<div class="row">
    <aside class="span4">
        <section>
            <%= render "shared/form_errors", record: @post %>
            <%= link_to gravatar_for(current_user) %>
            <%= link_to current_user.name, current_user %><br />
            <%= pluralize(current_user.posts.count, "post") %><br />
        </section>
        <section>
            <%= form_for @post do |f| %>
              <%= f.text_area :content, placeholder: "Write a new post" %><br />
                <%= f.submit "Post", class: "btn btn-primary" %>
            <% end %>
        </section>
    </aside>
    <div class="span8">
        <h1>Posts</h1>
        <ul class="posts">
            <% @posts.each do |post| %>
                <li class="post">
                    <%= link_to gravatar_for(post.user), post.user, class:
                    "gravatar" %>
                    <%= link_to post.user.name, post.user, class: "user" %>
                    <%= content_tag :span, post.content, class: "content" %>
```

```
                    <%= content_tag :span, "Posted #{time_ago_in_words(post.
                        created_at)} ago", class: "timestamp" %>
                </li>
            <% end %>
        </ul>
    </div>
</div>
```

最後，我們多加一點小小的風格。

app/assets/stylesheets/scaffolds.css.scss

```
/* posts */
.new_post {
    textarea {
        width: 85%;
    }
    input[type=submit] {
        margin-bottom: 10px;
    }
}
...
```

上面的程式裡，我們有放入一些 CSS 風格。因為這部分跟介面外觀比較有關係，所以我們暫且不會深入介紹。

以下是上述步驟的摘要：

- 把 posts#index 與 posts#new 兩個 action 統合。

- 把 view 分成兩欄。

- 左欄是貼文表格。

- 右欄是所有短文的列表。

- 給貼文表格加入了一個大頭照與個人頁面連接。

- 設立了一個 placeholder（佔位資料）在短文內容欄位裡。

# 5.5 刪除短文

有時當寫錯東西時，我們會希望可以把那個短文給刪除掉。現在再回到app/ views/posts/index.html.erb，在每一行顯示短文的程式裡，我們多加一個刪除短文的連接。

```
app/views/posts/index.html.erb
        ...
        <li class="post">
          <%= link_to gravatar_for(post.user), post.user, class:
          "gravatar" %>
          <%= link_to post.user.name, post.user, class: "user" %>
          <%= content_tag :span, post.content, class: "content" %>
          <%= content_tag :span, "Posted #{time_ago_in_words(post.
          created_at)} ago", class: "timestamp" %>
          <%= link_to "delete", post, class: "delete", method: :delete,
          confirm: "Are you sure?" if current_user?(post.user) %>
        </li>
        ...
```

link_to 的用法會有點複雜，我們把它解開來看。

- 第一個 arguments (引數)是顯示出 "delete" 的字串。

- 第二個引數是連接的路徑。我們直接輸入了短文物件 (post)，Rails 就會直接把它內部轉換成post_path(post)，或是 /posts/#{post.id}。基本上意思是說「這個短文」。Rails 很聰明吧！

- 剩下的 arguments 是一些 link_to 其他的參數。

- method: :delete 表示「這個連接是 HTTP 的一個方法：DELETE」。

- confirm: "Are you sure?" 是要觸發一個 popup (彈出視窗)來跟你做刪除確認。

- if current_user?(post.user) 在最後面是一個條件性的程式，來讓系統決定要不要顯示 delete 這個連接。只有原本貼文的那個用戶才會看到這個連接。另外，這種寫法是一個比較縮短的 if-then 寫法。這一行表示「如果現在的用戶是貼這個文的用戶，那就顯示這個連接」。

我們更新 posts#index 頁面 http://localhost:3000/posts。現在需要把 delete 的 action 在 posts_controller.rb 裡面寫出來，要不然那個連接不會有用。

```
app/controllers/posts_controller.rb
```

```
class PostsController < ApplicationController
  def destroy
    @post = Post.find(params[:id]) # 先找到那個短文
    if current_user?(@post.user) # 我們需要用 'current_user' 來確認這個用戶就是
                                   那個短文的作者
        @post.destroy # 如果認證成功,那就刪除那個短文
        flash[:success] = "Post deleted"
        redirect_to posts_path # 然後轉至 *posts#index*
    else # 如果發生錯誤的話
        flash[:error] = "You cannot delete that post" # 顯示一個錯誤訊息
        redirect_to posts_path # 把用戶傳至 *posts#index*
    end
  end
end
```

這個 action 比較好了解。

- 首先,我們要先找到那個短文 (`Post.find(params[:id])`。

- 接著,我們需要用 `current_user` 來確認這個用戶就是那個短文的作者 (`current_user?(@post.user)`)。

- 如果認證成功,那就刪除那個短文,然後轉至 posts#index。

- 如果發生錯誤的話,那就把用戶傳至 posts#index,但是顯示一個錯誤訊息。

就像是 posts#create,這個 action 不需要一個 view。Controller 會直接收到一個刪除 Post 的要求。就算刪除有沒有成功,這個 action 不需要有它自己的 view。

# 5.6 用戶權限

不知道你有沒有注意到,我們一直在用 `current_user`,但是我們沒有查看 `current_user` 到底存不存在 (即「用戶有沒有登入?」如果沒有登入的話,其實很多的功能都會出錯)。有一個簡單的方法可以簡單解決這個問題。很多 action 都只有已登入的 user 才可以用。現在我們來製作一個通用的認證機制,讓所有的 controller 都可以使用。

```
app/helpers/sessions_helper.rb
module SessionsHelper
    ...
    def authenticate_user
        unless signed_in? # 如果沒有登入
        flash[:notice] = "Sign-in to continue" # 顯示訊息
            redirect_to new_session_path # 轉送到登入頁面
        end
    end
    ...
end
```

我們所有在 SessionsHelper 裡面寫的都可以在 ApplicationController 裡面用，所以全部其他的 controllers 也都可以用，因為全部的 controllers 都繼承 ApplicationController 的功能。所以當我們把 authenticate_user 加入到 SessionsController 裡，這個功能自然可以給其他的 controllers 使用。

現在已把那個 **Precondition (前提)** before_action 寫好了，我們在需要它的地方呼叫它。

```
app/controllers/posts_controller.rb
class PostsController < ApplicationController
    before_action :authenticate_user, only: [ :create, :index, :destroy ]
    #只有建立，短文列表，還有刪除需要用戶登入
    ...
```

現在先登出，然後開啟 posts#index 頁面 http://localhost:3000/posts。你會被轉到登入頁面並且會有一個系統訊息要求你先登入。

# CHAPTER 06

# 關注用戶

在這個章節裡，我們要完成一個比較進階的功能。這個功能就是關注其他用戶的功能。關注用戶的功能是由 Twitter 開始的。中國大陸的微博的基本功能也是關注用戶。所以，我們今天要把這個功能完成。

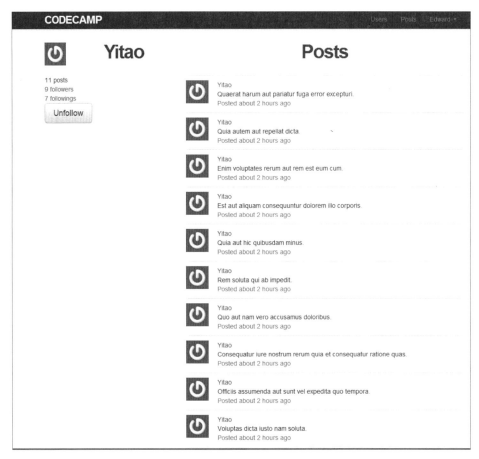

圖6.1　關注用戶畫面

# 6.1　用戶關注之間的複雜關係

這是一個微博（micro-blogging）的網站，所以用戶可以關注其他用戶及看到那些用戶寫出的訊息。這個關係是雙方的，代表一個用戶可能會被其他用戶關注，但是他也會關注其他的用戶，讓我們來看看。

　　一個用戶可以關注很多的用戶。在 Rails 裡，這個的表示方法是用 has_many :followed 這一行來表示這個用戶在關注很多其他的用戶。

　　例如，在 Twitter (或是微博) 關注王力宏、張學友、蔡依林，就可以收到他們寫出的訊息。

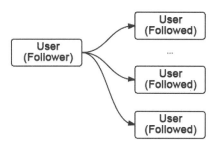

圖6.2　一個用戶可以關注其他用戶

　　一個用戶可以有很多的關注者。在 Rails 裡，我們可以用 has_many :followers 這個寫法去表示這個用戶有很多的關注者。

　　例如，王力宏在微博上有4300萬個關注者，而張學友只有3500萬個關注者。

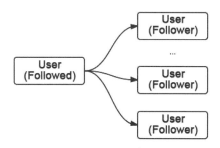

圖6.3　一個用戶可以有許多關注者

　　我們要怎麼更新或是修改資料庫才可以讓我們達到這個關係呢？

　　第一個想法是用關聯性的設定，像是 has_many :users 與 belongs_to :user 讓 User model 與 User model 連接。

```
app/models/user.rb
class User < ActiveRecord::Base
    has_many :posts
  has_many :users       # This is our followers
  belongs_to :user      # This is who we're following
  ...
end
```

但是，如果我們使用這樣的寫法，每一個用戶只能關注一個用戶，所以這樣的設定是行不通的。

Following 應該是一個多對多的一個關係。所以，在這個情況之下，會需要一個像「中介」的角色來幫助我們把這個關係完成。例如，在Facebook，當你要加一個朋友的時候，在幕後其實會建立一個叫做Friendship（友情）的紀錄。

例如，Ed 與 Yitao 是朋友，那在 Facebook 的資料庫裡面的 Friendship 表格，就會有一行記錄 Ed 與 Yitao 是朋友。而我們現在的情況是要建立一個叫做 Following 的表格（記錄誰在關注誰）。這個表格跟 User 以及 Post 的表格一樣，就是在資料庫裡面幫我們記錄資料。

# 6.2　中介角色：關注 (Following) 關係資料

如果我們要實現這種比較複雜的關係的話，需要多加一個 Following model 作為中介。

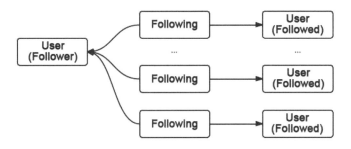

圖6.4　用戶與其關注的用戶之間的中介資料

你可以看到，Following 往兩個方向指，代表它屬於關注者，也屬於被關注者。它在中間可以幫我們設定出兩個用戶的關係，是誰跟誰，誰是關注者以及誰是被關注者。我們來嘗試把它設定起來吧。

```
$ rails generate model Following from:references to:references
```

## 建立 Post Model

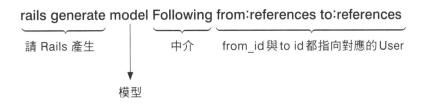

圖6.5　Following Model 建立解說

這裡的 Following model 需要一點小小的修改。當使用 belongs_to 可製造關聯的目標（像用 belongs_to :user的時候），Rails 會自己直接聯想到目標的 class（像是 :user 就是 User class）。

但是，由於我們現在正在做的情況比較特殊（因為是中介，還有兩個 belongs_to），所以需要特別寫出 class 的名稱，像是 class_name: "User"，因為如果不這樣寫，Rails 不會有方法自己聯想到。

**app/models/following.rb**
```ruby
class Following < ActiveRecord::Base
  belongs_to :from, class_name: "User"
  belongs_to :to, class_name: "User"
end
```

上面的寫法即指「每一筆 Following 的資料都是屬於 :from 用戶（關注者 - 從誰追)的或 :to 用戶（被關注者 - 到誰)的」。所以當我們有 :from（從）與 :to（到）這兩種設定，可以從兩種角度去找出 (1)一個用戶在追誰；(2)一個用戶有哪些關注者。那 :from 與 :to 對應的設定等一下會寫到 User model 裡面（像這個設定 foreign_key: :from_id，等一下你才會看到）。

現在 model 寫完了，我們需要幫 :from 與 :to index 增加到資料庫裡面。

```
db/migrate/20130812185552_create_followings.rb

class CreateFollowings < ActiveRecord::Migration
  def change
    create_table :followings do |t|
      t.references :from, index: true
      t.references :to, index: true

      t.timestamps
    end
    # User cannot follow another user more than once
    add_index :followings, [ :from_id, :to_id ], unique: true
  end
end
```

在這個 migration 裡，我們做兩個屬性。一個是 :from（從誰 - 關注者），另一個是 :to（到誰 - 誰被關注）。在這兩個屬性裡面儲存的資料是專門辨識用戶的資料。例如，黎明關注張學友，那這一個 Follow 紀錄裡，兩個屬性的資料會是這樣：:from 裡是黎明的用戶 id（例如21114），以及 :to 裡是張學友的 id（例如92035）。

在 migration 的最後一條，有加一個 add_index :followings, [ :from_id, :to_id ], unique: true。這一行會用 [:from_id, :to_id] 為我們的索引值，然後 unique: true 會確認每一個 :from_to 與 :to_id 組合是獨特的（有分順序），所以一個用戶不能重複關注另一個用戶。

所以 Following 是怎麼影響 User 的 Model 呢？

```
app/models/user.rb

class User < ActiveRecord::Base
    ...
    has_many :out_followings, class_name: "Following", foreign_key: :from_id,
    dependent: :destroy
    ...
end
```

就像在圖6.6裡面，用戶有 has_many（很多）它關注的用戶。每一個關注都指向一個它在關注的一個用戶，所以我們可以寫 has_many :out_followings。

還有一個設定是 `foreign_key: :from_id`。這個就像是 key-value 一樣 (但是它不是)，其就是我們找到它相對應的 `to_id`。

剛剛我們在寫 Following model 的時候，有這一個設定 `belongs_to :from, class_name: "User"`。現在 User model 裡面看到 `foreign_key: :from_id`，則可以看到 Following model 裡面的 `belongs_to :from, class_name: "User"` 的 `:from` 把它跟 `has_many :out_followings` 的 `foreign_key: :from_id` 做連接。User 傳過去的 user 物件資料到了 Following 之後，就會被轉換成用戶的 id。在 `out_followings` 的情況下會被視為 `from` (從哪一個用戶)。

那為什麼 User 裡面要寫 `:from_id`，而 Following 裡面只要寫 `:from` 就可以了？那是因為，從 Following 的角度，它會把 from 與 to 直接看成是有關聯性的 (記得 references 嗎？)。但是，從 User 的角度，就只是一個欄位，所以需要寫出 from 在資料庫裡面真正的欄位名稱 (就是 `from_id`)。

這個在能運作之前，還要記得 `rake db:migrate`。

```
$ rake db:migrate
```

在 console 裡面，可以用 `out_followings` 來讓我們看到某用戶在關注的用戶。

```
rails console
user = User.first
following = user.out_followings.create { |f| f.to = User.last }
# => #<Following id: 1, from_id: 1, to_id: 27, created_at: "2013-08-12
20:33:05", updated_at: "2013-08-12 20:33:05">
following.to
# => #<User id: 27, name: "Reggie Trantow", email: "lloyd_carroll@torphy.
org", created_at: "2013-08-12 20:32:56", updated_at: "2013-08-12 20:32:56",
password_digest: "$2a$10$JAQFTye8/DUklmIqg46ZI.SgXfQgdwzdMgRvE4FbBWBj...",
session_token: "oBJ-PRTvp8D0Bc7QThWw3g">
```

這樣的做法感覺會有點重複。還好，Rails 讓我們透過一個 `out_followings` 的關聯，連接至第二層的關聯 (讓我們可以拿到 `to_id` 之後，再用這個資料再去找到被關注的用戶資料，要不然 `out_followings` 只會給用戶的 id，而不是他的資料。我們是用關聯性找到 `to_id` 之後，然後再用關聯性找到跟 `to_id` 相對應的用戶，所以是第二層的關聯)。

這就是我們需要的。讓我們把它加到 User 的 model 裡。

**app/models/user.rb**
```
class User < ActiveRecord::Base
  ...
  has_many :out_followings, class_name: "Following", foreign_key: :from_
  id, dependent: :destroy
  has_many :followed_users, class_name: "User", through: :out_followings,
  source: :to
  ...
end
```

為了要找到一個用戶在關注的用戶的實際資料（而不只是他的 id），所以我們加入了 has_many :followed_users。這個關聯的設定是用一個中介的 :out_followings 關聯，也就是我們寫的 through: :out_followings 引數（關聯透過 out_followings）。source: :to（source 是根源的意思）這個引數指出「我們要用 to_id 這欄的資料去找到相對應的 User」。

這裡你可以看到在幕後 User 與 Following Model 之間的連接圖。

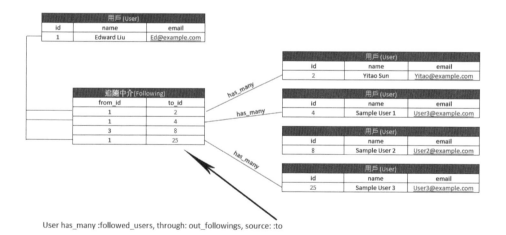

User has_many :followed_users, through: out_followings, source: :to

**圖6.6　一個用戶與其關注的用戶解說圖**

我們現在知道怎麼幫一個用戶找到他關注的用戶。現在如果我們要找到一個用戶的關注者的話，他的寫法會跟我們之前寫的方式差不多。

```
app/models/users.rb
```
```
class User < ActiveRecord::Base
    ...
    has_many :out_followings, class_name: "Following", foreign_key: :from_
    id, dependent: :destroy
    has_many :followed_users, class_name: "User", through: :out_followings,
    source: :to
    has_many :in_followings, class_name: "Following", foreign_key: :to_id,
    dependent: :destroy
    has_many :followers, class_name: "User", through: :in_followings,
    source: :from
    ...
end
```

在這裡，你可以看到我們設定 `:in_followings` 與 `:followers` 的圖解。它是 `:out_followings` 的相反。

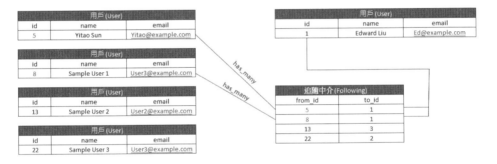

User has_many :followers, through: in_followings, source: :from

**圖6.7 一個用戶與關注他的用戶解說圖**

現在我們已經把這個關係設定好了。我們來試試看。

# 6.3 關注／取消關注

我們要做出關注及取消關注的功能，一個很自然的方法是把這個介面與用戶的頁面連在一起，因此關注及取消關注不會有自己獨立的介面。

我們先把 users#show 開啟，然後把關注與取消關注的介面加進去。

```
app/views/users/show.html.erb
```

```erb
<div class="row">
    <aside class="span4">
        <section>
            <h1>
              <%= gravatar_for @user %>
             <%= @user.name %>
            </h1>
             <%= pluralize @user.posts.count, "posts" %><br>
        </section>
        <section>
            <% unless current_user?(@user) %>
                <% if current_user.following?(@user) %>
                    <%= link_to "Unfollow", "#", class: "btn btn-large",
                    method: :delete %>
                <% else %>
                    <%= button_to "Follow", "#", class: "btn btn-large
                    btn-primary" %>
                <% end %>
            <% end %>
        </section>
    </aside>
</div>
```

我們加了一個 `button_to` 在我們網頁的側邊區塊。`button_to` 與 `link_to` 有點像，但是 `link_to` 會轉換成 `<a>`(一個連接)，`button_to` 則會轉換成 `<form>` (form 是一個可以傳送資料的表單，並且建立資料庫紀錄)。因為我們要在資料庫裡面建立一個 Following 的一行紀錄，所以需要用表格而不是連接。

在 if-else 的區塊裡，我們設定用戶已經在 Follow 這個用戶了，則顯示「Unfollow」(取消關注)。相反的，如果還沒有關注的話，則顯示「Follow」。Follow 與 Unfollow 這兩個路徑皆還沒有設定好，所以我們先設定 `"#"` 這個 URL 引數 (`"#"` 這個引數是一個沒有作用的連接。連結後不會把你連到任何的地方)。

做完之後，你可以把用戶頁面 (users#show) 開啟看看。現在已經放入「Following」與「Unfollow」的功能介面，但是這兩個按鈕的 actions 還沒有寫進去。令人疑惑的是，我們雖然做了一個 Following 的 model，但是卻要把建立 Following 資料的 action 放在 `UsersController` 裡面。

這個其實很合理的。*Following* 是一個 meta-data（元資料，也可以說是中介數據）。其基本上是資料的資料，更明確地說，它是形容資料的資料。所以其是系統需要用的資料，而不是用戶會直接接觸到的資料。*Following* 不需要 actions，所以我們就不需要幫它做一個 controller。

**app/controllers/users_controller**

```
class UsersController < ApplicationController
  before_action :set_user, only: [:show, :edit, :update, :destroy, :follow,
  :unfollow ]
  before_action :authenticate_user, except: [ :new, :create ]


  ...
  def follow
    if current_user?(@user) # 這個用戶是你自己嗎
      flash[:error] = "You cannot follow yourself"
    elsif current_user.following?(@user) # 你是不是已經在關注這個用戶了
      flash[:error] = "You already follow #{@user.name}"
    else
      unless current_user.follow(@user).nil? # 如果關注這個用戶沒有失敗
        flash[:success] = "You are following #{@user.name}"
      else # 任何其他的狀況
        flash[:error] = "Something went wrong. You cannot follow #{@user.name}"
      end
    end
    redirect_to @user
  end

  def unfollow
    if current_user.unfollow(@user) # 如果取消關注成功
      flash[:success] = "You no longer follow #{@user.name}"
    else # 如果發生任何其他的狀況
      flash[:error] = "You cannot unfollow #{@user.name}"
    end
    redirect_to @user
  end
  ...
end
```

follow 和 unfollow 的前提是需要先知道要關注哪一個用戶，所以我們幫它們設定了 before_action :set_user。

因為 follow 和 unfollow 動作需要用戶登入，我們加了一行 before_action :authenticate_user, except: [ :new, :create ]，此即除了關於註冊的動作(users#new, users#create)，其他的動作都需要登入。

我們製作在 controller 裡面的 method 會檢查一些狀態，然後顯示訊息給用戶。在所寫的 follow 與 unfollowing 的程式裡面，有用到幾次的 helper methods：follow(user)（關注用戶）、unfollow(user)（取消關注）、following?(user)（在關注這個用戶嗎？）、followed_by?(user)（現在被這個用戶關注嗎？），但是我們還沒有寫出來。

```
app/models/user.rb
```

```ruby
class User < ActiveRecord::Base
  ...
  # Create a following from self to the user
  def follow(user)
    out_followings.create(to_id: user.id)
  end

  # Unfollow the user by destroying the following from self to user
  def unfollow(user)
    following = out_followings.find_by(to_id: user.id)
    if following
        following.destroy
        true
    else
        false
    end
  end

  # Is following user?
  def following?(user)
    followed_users.exists?(user.id)
  end

  # Is followed by user?
  def followed_by?(user)
    followers.exists?(user.id)
  end
  ...
end
```

我們可以在 console 裡面試試看。

```
rails console
```

```ruby
user1, user2 = User.take(2) # 隨便找兩個用戶
user1.following?(user2)     # Inside the method following?, self refers to user1
user2.following?(user1)     # In this call, self refers to user2
```

把 helpers 寫好之後，controller action 的程式就會看起來非常的人性化。

接下來，把 follow 與 unfollow 的路徑設定到 routes.rb 裡面。

config/routes.rb

```ruby
SecondApp::Application.routes.draw do
  ...
  resources :users do
    post 'follow', on: :member
    delete 'unfollow', on: :member
  end
  ...
end
```

現在路徑設定好了，我們可以開啟 users#show 來放入新的路徑。

on: :member 這個參數的意思是說，「建立一個 follow 的路徑，然後這個路徑適用於單獨/特定的用戶上」。這代表「當我們訪問 post 'follow', on: :member 這個路徑的時候，這個路徑是要關注一個用戶，而不是一次關注很多個用戶」。所以我們的「關注」動作的路徑 URL 會長得像這樣：http://localhost:3000/users/1/follow。你可以看到，我們是在關注 id 1 的用戶。

這個參數其實有一個相反的設定，那就是 collection 這個參數。一個是 member，一個是 collection。Collection 的意思就是「集體」，當你設定一個路徑用 on: :collection 的時候，其實就是「這個路徑是用在集體上」。如果我們同樣設定 post 'follow', on: :collection 的話，那我們的路徑會長得像http://localhost:3000/users/follow。這個路徑是錯誤的，因為我們不能一次關注所有的用戶。

app/views/users/show.html.erb

```erb
...
  <section>
    <% unless current_user?(@user) %>
      <% if current_user.following?(@user) %>
        <%= link_to "Unfollow", unfollow_user_path(@user), class:
          "btn btn-large", method: :delete %>
      <% else %>
        <%= button_to "Follow", follow_user_path(@user), class:
          "btn btn-large btn-primary" %>
      <% end %>
```

```
        <% end %>
    </section>
...
```

現在試試看關注與取消關注一個用戶。

# 6.4 只顯示所關注用戶的短文

我們第一件事要做的就是在 `post.rb` model 檔案裡面增加一個新的 class method，來幫我們找到所有關注的用戶的短文。

```
app\models\post.rb

class Post < ActiveRecord::Base
  belongs_to :user
  validates :user_id, presence: true
  validates :content, presence: true, length: { maximum: 140 }

  def self.from_followed_users(user)
      where("user_id IN (SELECT to_id FROM followings WHERE from_id =
      :user_id) OR user_id = :user_id", user_id: user.id)
  end
end
```

然後我們要在 `posts_controller.rb` 裡面把 `@posts` 的變數改到 `post.rb` 裡面設定的 `self.from_followed_users(user)` 方法。記得喔，`self` 的意思是指「自己」，也就是 `Post.from_followed_users(current_user)`。

```
app\controllers\posts_controller.rb

class PostsController < ApplicationController
    def index
        @posts = Post.from_followed_users(current_user).order('created_at
        DESC')
        @post = current_user.posts.build
    end
...
```

在這裡，我們把原本所有短文目錄的目錄改成只顯示我們在關注用戶的短文。我們在上面寫的程式 `Post.from_followed_users(current_user)`，這是說「把 `current_user` 關注用戶的短文找出來」，`.order('created_at DESC')` 則是說「排列的順序是從最近的建立時間 (created_at) 開始排」。

# 6.5 有哪一些用戶在關注我？

一個可看到所有在關注你的用戶的方法是做出一個新的 action 與 view。我們現在來把這個 action 寫出來，然後把 view 的檔案建立。

Controller 裡面的資料很簡單，我們只要用 `@users = @user.followers` 把用戶的關注者資料抓出來就好了。

**app/controllers/users_controller.rb**
```ruby
class UsersController < ApplicationController
  before_action :set_user, only: [:show, :edit, :update, :destroy, :follow,
  :unfollow, :followers ]
    ...
  def followers
    @users = @user.followers
  end
  ...
end
```

然後把這個路徑寫入 `routes.rb`。

**config/routes.rb**
```ruby
SecondApp::Application.routes.draw do
    ...
  resources :users do
    get 'followers', on: :member
    post 'follow', on: :member
    delete 'unfollow', on: :member
  end
  ...
end
```

上面的 get (讀取)、post (建立)、delete (刪除) 就是 HTTP 的方法 (或是說一個跟網路溝通的語言)。另外，還有一個 put (更新) 的方法。上面的路徑是手動寫出來的，所以我們需要特別註明那些路徑的 HTTP 方法是什麼 (預設的方法是 get，也就是讀取資料)。簡單地說，當要看所有的用戶時，是用 get 跟 Rails 溝通，因為我們只是讀取。當要註冊一個用戶的時候，我們就用 post 建立。當要更新用戶資料的時候，我們是用 put，那當要刪除用戶資料的時候，用的方法是 delete。這部分不用想太多，只要記得有這四種方法就可以了。用法應該也很直接。

然後編輯器裡，建立一個新的模板。

**app/views/users/followers.html.erb**

```erb
<div class="row">
    <aside class="span4">
        <section>
            <h1>
              <%= gravatar_for @user %>
             <%= @user.name %>
            </h1>
             <%= pluralize @user.posts.count, "posts" %><br>
        </section>
        <section>
            <% unless current_user?(@user) %>
                <% if current_user.following?(@user) %>
                    <%= link_to "Unfollow", unfollow_user_path(@user),
                    class: "btn btn-large", method: :delete %>
                <% else %>
                    <%= button_to "Follow", follow_user_path(@user), class:
                    "btn btn-large btn-primary" %>
                <% end %>
            <% end %>
        </section>
    </aside>
    <div class="span8">
        <h1>Followers</h1>
        <ul class="users">
        <% @users.each do |user| %>
            <li class="user">
                <%= link_to gravatar_for(user), user %>
                <%= link_to user.name, user %>
            </li>
        <% end %>
        </ul>
    </div>
</div>
```

當手動建立一個 view/action 的時候，需要做的三件事: (1)在 routes.rb 裡面設定路徑。(2)建立 controller 以及它的 action (如果 controller 還不存在的話)。(3)最後，建立相對應的 view 檔案。

你會看到檔案裡有很多跟 users#show 一樣的程式，因為我們是直接把程式貼進來，然後修改了後半部。但是，為了讓我們不用重複做一樣的事情，可把重複的部分放到一個 partial (局部模板) 裡面，這樣就可以在不同的 template 裡面呼叫同樣的局部模板，使我們不用重複一樣的程式。

```
app/views/shared/_user_info.html.erb
```
```
<h1>
  <%= gravatar_for user %>
  <%= user.name %>
</h1>
<%= pluralize user.posts.count, "posts" %><br>
app/views/shared/_user_actions.html.erb
<% unless current_user?(user) %>
   <% if current_user.following?(user) %>
       <%= link_to "Unfollow", unfollow_user_path(user), class: "btn
       btn-large", method: :delete %>
   <% else %>
       <%= button_to "Follow", follow_user_path(user), class: "btn
       btn-large btn-primary" %>
   <% end %>
<% end %>
app/views/shared/_user.html.erb
<li class="user">
   <%= link_to gravatar_for(user), user %>
   <%= link_to user.name, user %>
</li>
```

在 Rails 裡面，所有的 partials (局部模板)的檔案名稱都需要由底線 "_" 開頭。現在我們的 partial 檔案已經做好了，可以直接把它載入到其他的 view 檔案裡面，就像是隨插即用的模板。

```
app/views/users/followers.html.erb
```
```
<div class="row">
   <aside class="span4">
       <section>
           <%= render "shared/user_info", user: @user %>
       </section>
       <section>
           <%= render "shared/user_actions", user: @user %>
```

```
        </section>
      </aside>
    <div class="span8">
        <h1>Followers</h1>
        <ul class="users">
            <%= render partial: "shared/user", collection: @users %>
        </ul>
    </div>
</div>
```

現在頁面乾淨多了。接下來，我們來加一點風格。

**app/assets/stylesheets/scaffolds.scss.css**

```
...
/* users */

.users {
  list-style: none;
  margin: 10px 0 0 0;

  li {
    padding: 10px 0;
    min-height: 52px;
  }
}
...
```

我們現在已經準備好了。來看看關注者的頁面：http://localhost:3000/
users/1/followers。

users#followers 的 action/view 做好了。現在，最後一個小細節是把這個
連接加到用戶的頁面中。

**app/views/shared/_user_info.html.erb**

```
<h1>
    <%= gravatar_for user %>
    <%= user.name %>
</h1>
<%= pluralize user.posts.count, "posts" %><br>
<%= link_to pluralize(user.followers.count, "follower"), followers_user_
path(user) %><br>
```

接著，重新開啟用戶頁面看看。

# 6.6 更新用戶頁面：使用局部模板 (Partials)

我們來趁這機會更新一下 app/views/users/show.html.erb。

**app/views/users/show.html.erb**

```erb
<div class="row">
    <aside class="span4">
        <section>
            <%= render "shared/user_info", user: @user %>
        </section>
        <section>
            <%= render "shared/user_actions", user: @user %>
        </section>
    </aside>
  <div class="span8">
    <h1>Posts</h1>
    <ul class="posts">
      <%= render partial: "shared/post", collection: @posts %> # 局部 _
      post.html.erb 模板
    </ul>
  </div>
</div>
```

第一，我們把剛才建立的模板用上了。第二，我們要顯示這用戶的短文。顯示某用戶的文章其實跟顯示所有文章是一樣的，所以把 post 的 partial 挪到新的模板裡。

**app/views/shared/_post.html.erb**

```erb
<li class="post">
  <%= link_to gravatar_for(post.user), post.user, class: "gravatar" %>
  <%= link_to post.user.name, post.user, class: "user" %>
  <%= content_tag :span, post.content, class: "content" %>
  <%= content_tag :span, "Posted #{time_ago_in_words(post.created_at)}
  ago", class: "timestamp" %>
    <%= link_to "delete", post, class: "delete", method: :delete, confirm:
    "Are you sure?" if current_user?(post.user) %>
</li>
```

也把我們新建立的局部 post 模板放到 posts#index 裡面。

```
app/views/posts/index.html.erb
```

```erb
<div class="row">
    <aside class="span4">
        <section>
            <%= render "shared/form_errors", record: @post %>
            <%= link_to gravatar_for(current_user) %>
            <%= link_to current_user.name, current_user %><br />
            <%= pluralize(current_user.posts.count, "post") %><br />
        </section>
        <section>
            <%= form_for @post do |f| %>
              <%= f.text_area :content, placeholder: "Write a new post"
              %><br />
                <%= f.submit "Post", class: "btn btn-primary" %>
            <% end %>
        </section>
    </aside>
    <div class="span8">
        <h1>Posts</h1>
        <ul class="posts">
      <%= render partial: "shared/post", collection: @posts %>
        </ul>
    </div>
</div>
```

因為 `users#show` 需要 `@posts` 這個變數跟裡面的資料，這個資料必須從 `UsersController` 那傳過來。

```
app/controllers/users_controller.rb
```

```ruby
class UsersController < ApplicationController
  ...
  def show
    @posts = @user.posts # 我們在這設定了 @posts 變數裡面的資料
  end
  ...
end
```

好了。可以到用戶 1 的頁面：http://localhost:3000/users/1 看看我們剛剛做的改變。

# 6.7 更新用戶目錄

目前 users#index 還是當時 scaffold 自動產生的陽春版本。我們稍微改一下吧！

```
app/views/users/index.html.erb
```
```
<h1>Users</h1>
<div class="container">
  <ul class="users">
    <%= render partial: "shared/user", collection: @users %>
  </ul>
</div>
```

## 更新 Headers

一開始上線的 Header 還沒有填入的路徑。我們現在一一填入。

```
app/views/layouts/application.html.erb
```
```
        <%= link_to "FirstApp", root_path, id: "logo" %>
```

```
app/views/layouts/application.html.erb
```
```
      <li><%= link_to "Home",    root_path %></li>
```

```
app/views/layouts/application.html.erb
```
```
        <li><%= link_to "Users", users_path %></li>
```

現在連結到首頁 (http://localhost:3000/)，其實不應該一直顯示 Sign-in/Register (因為我們已經登入了)。如果用戶已經登入，http://localhost:3000/posts (列出所有文章) 的頁面會比較適合當首頁 (就像是在 Twitter 或是微博)。

```
app/controllers/root_controller.rb
```
```
  ...
  def home
    redirect_to posts_path if signed_in?
  end
  ...
```

# 6.8　我們在關注哪些用戶？

需要完成這個功能的步驟、方法與顯示關注者（followers）的功能是完全一樣。這裡把這個功課交給你完成。最主要的是，每一個步驟都很重要，絕對不能偷懶！

在這邊先給你一點複習與提示。

- 加一個 controller action。

- 設定 controller action 的路徑。

- 建立新的模板。

就這樣，祝你好運！

# CHAPTER 07

# Gems 插件：
# 資料分頁(Pagination)、
# 搜尋(Search)、Ajax

在這個章節裡，我們主要介紹一些安裝與運用 Gems 的方法。之前曾提過「Gems 是 Ruby on Rails 裡面最強大的一環」，因為這些現成的插件可以讓我們事半功倍。所以，我們將幫 FirstApp 追加功能，並且你也可以學到怎麼利用 Gems 拼出一個多功能網站。

# 7.1 建立更多的（測試用）短文

記不記得我們一開始用的 SampleApp？裡面有一個檔案叫 lib/tasks/populate.rake。它是一個快速建立「假」用戶資料的腳本。

接下來，我們要給 FirstApp 也寫一個 populate 腳本（但是更強大的）。

現在我們開啟 lib/tasks/populate.rake 的檔案，然後寫入／貼入以下的程式。

**lib/tasks/populate.rake**

```
namespace :db do
  desc "Generate users"
  task populate: :environment do
    # Generate fixed users Yitao and Ed
    yitao = User.create!(name: "Yitao", email: "yitao@example.com",
    password: "secret", password_confirmation: "secret")
    ed = User.create!(name: "Ed", email: "ed@example.com", password:
    "secret", password_confirmation: "secret")

    # Generate 98 additional random users
    users = [ yitao, ed ]
    users += 98.times.collect do |i|
      name = "#{Faker::Name.first_name}#{i}"
      email = "#{name}@example.com"
      password = Faker::Internet.password
      user = User.create!(name: name, email: email, password: password,
      password_confirmation: password)
    end

    # Randomize user created_at timestamp
    users.each { |user| user.update!(created_at: Date.today - rand(30)) }

    # Generate posts
    posts = (10*users.count).times.collect do
      users.sample.posts.create!(content: Faker::Lorem.sentence)
    end
```

```
    # Generate followings
    followings = (5*users.count).times.collect do
      from = users.sample
      to = users.sample
      from.follow(to) unless from == to || from.following?(to)
    end
  end
end
```

　　腳本需要Faker gem，我們先改一下 Gemfile 吧！Faker 是專門建立隨機資料的一個功能插件，可幫我們建立假的名字、email等等。

**Gemfile**

```
...
# Generate fake content
gem 'faker', group: [ :development, :test ] #
...
```

　　不要忘記 bundle install 和重新開啟伺服器哦！

　　我們來解釋一下這段:

**lib/tasks/populate.rake**

```
...
# Generate posts
posts = (10*users.count).times.collect do
  users.sample.posts.create(content: Faker::Lorem.sentence)
end
...
```

　　我們在這個 populate.rake 裡面建立了 100 個用戶，(10*users.count).times.collect 意思是說我們要建立 1000 個短文，然後把他們收集到一個 array 裡面。我們用 user.sample 自動給每一篇短文一個隨機的用戶(作者)，然後 posts.create 會用這個隨機的用戶建立一篇短文。這個隨機用戶建立的文章是用 Faker 的 Lorem-Ipsum 的隨機字串功能建立的。

　　再來，自動產生一些用戶與用戶之間的關注關係:

```
lib/tasks/populate.rake
...
# Generate followings
followings = (5*users.count).times.collect do
  from = users.sample
  to = users.sample
  from.follow(to) unless from == to || from.following?(to)
end
...
```

　　上面的程式碼跟產生短文的方法有點像。我們現在要產生 500 個關注關係。我們以 from = users.sample 挑一個隨機的用戶當關注者。然後 to = users.sample 也是一個隨機挑一個被關注者。接下來，下一段 from.follow(to)，就是讓我們 from 的用戶關注 to 的用戶。但是，unless from == to || from.following?(to) 的意思是說「如果 from 與 to 的用戶是一樣的，或是 from 用戶已經在關注 to 用戶了，那就不要執行 from.follow(to) 這個指令」。

　　腳本寫完要執行。以下指令會讓資料庫歸零，然後再建立新的並且執行 populate.rake 的程式。

```
$ rake db:drop db:migrate db:populate
```

　　rake db:populate 就適用 populate.rake 檔案建立資料的命令。

　　好了，系統裡面的用戶、短文與關注關係就這樣自動建立了。

# 7.2　資料分頁(Paginate)Gem

　　既然現在有一個 script 幫我們自動產生很多的用戶、短文與關注者，頁面裡的資料列出來有點多。所以，我們可以加入 will_paginate 這個 gem 來幫我們自動分頁與產生分頁介面。

user_14
Ut suscipit nam quod.
Posted about 2 hours ago

user_13
Consectetur provident dolorum corrupti aut nihil vitae minima quis.
Posted about 2 hours ago

user_15
Provident explicabo id maxime aut beatae recusandae vitae ipsum.
Posted about 2 hours ago

Yitao
Consequatur iure nostrum rerum quia et consequatur ratione quas.
Posted about 2 hours ago

user_14
Nemo sit minima et culpa eius.
Posted about 2 hours ago

user_15
Iste aut enim aut optio qui.
Posted about 2 hours ago

← Previous 1 2 3 Next →

**圖7.1　分頁功能畫面**

　　第一件要做的就是把 `will_paginate` 這個 gem 插件加到我們的 Gemfile 裡面。

```
Gemfile
...
# Break large result sets into multiple pages
gem 'will_paginate'
...
```

　　如果我們想要把很多的資料分成很多的頁面，可以用 will_paginate 提供的 page 這個方法。第一件事情要做的是，把我們要分頁的資料加入 page 這個 will_paginate 提供的 method。在下面的 UsersController 裡面，我們幫 User 與 Posts 都加了 page 這個 method。

```
app/controllers/users_controller.rb
class UsersController < ApplicationController
  skip_before_action :authenticate_user, only: [ :new, :create ]
  before_action :set_user, only: [:show, :edit, :update, :destroy,
  :followers, :followings, :follow, :unfollow]
  ...
  def index
    @users = User.all.page(params[:page])
  end
```

```
  def show
    @posts = @user.posts.page(params[:page])
  end
  ...
  def followers
    @users = @user.followers.page(params[:page])
  end
  ...
end
```

這個 `page` 的方法最適用於當有非常多資料的情況。例如，`User.all`（所有用戶）就是一個很好的例子。

現在，我們在 `UsersController` 已經加入了 `page` 這個方法，我們需要在 view 裡面把分頁的介面寫出來。所以，只需要在要增加介面的 view 裡面加 `<%= will_paginate @collection %>`。@collection 只是個例子，@collection 需要是你想要分頁的資料（Variable 變數），如果你從 controller 傳過來的變數是 @posts 的話，那你就需要寫 `<%= will_paginate @posts %>`）。

**app/views/users/show.html.erb**

```
  <div class="span8">
   <h1>Posts</h1>
   <ul class="posts">
     <%= render partial: "shared/post", collection: @posts %>
   </ul>
   <%= will_paginate @posts %>
  </div>
```

再來，我們到 `PostsController` 也加入這個分頁功能。

**app/controllers/posts_controller.rb**

```
class PostsController < ApplicationController
  def index
    @posts = Post.from_followed_users(current_user).page(params[:page]).
    order('created_at DESC')
    @post = current_user.posts.build
  end
  ...
end
```

然後再把 <%= will_paginate @posts %> 加到 app/views/posts/index.
html.erb 裡想要分頁介面出現的地方。

# 7.3 搜尋功能Gem

當我們的資料庫越變越大，我們一定要有搜尋的功能。我們現在要幫網站加
入搜尋功能。搜尋功能的設定非常容易，只要加入 Sunspot 的 gem，Rails 就
會自動幫我們安裝 Solr 伺服器。簡單來說，Sunspot 的功能是幫我們建立想
要搜尋的的目錄。Solr 伺服器是把這個資料儲存，然後提供搜尋服務給我們的
App。

**Gemfile**

```
# Use Sunspot+Solr for search
gem 'sunspot_rails'
gem 'sunspot_solr', group: :development
```

接下來我們需要執行 sunspot 的安裝程序。

## Max／Linux版

```
$ bundle install
$ rails generate sunspot_rails:install
$ cp `bundle show sunspot_solr`/lib/sunspot/solr/tasks.rb lib/tasks/solr.rake
$ rake sunspot:solr:run
```

## Windows版

```
$ bundle install
$ rails generate sunspot_rails:install
$ bundle show sunspot_solr
[SOLR_DIRECTORY] # 先找到 Solr 的資料夾
$ copy [SOLR_DIRECTORY]\lib\sunspot\solr\tasks lib\tasks\solr.rake
$ rake sunspot:solr:run
```

上面的 cp... 指令是 Sunspot 作者提供的修理相容性問題的一個指令。有時
候，當你安裝新的 gem，它的作者會要你執行。當看到這種指令時，不用想太
多，只要執行就可以了 (我們也是這樣做的)。還有，當你遇到錯誤的時候，最
好的方法是直接 Google 錯誤訊息。通常你都可以找到答案。

在開發環境裡，你只需要在你開發的機器上啟動一個 sunspot_solr 的 service (伺服器)就可以了 (這就像我們需要開啟 Rails server rails server 一樣)。但是，正式上線的環境裡，一個 server 需要24小時都在運作，所以才不會選擇用我們自己的電腦這樣做。我們將用 Heroku 來 host 我們的 App。

但是，Heroku 不讓你直接在你跑 App 的伺服器上多跑其他的 server/服務 (它只讓你跑 Rails 的 server)。原因是因為它要把像 Sunspot/Solr 的服務作為其他的收費服務，如 Heroku Add-ons (https://addons.heroku.com/)。實際上，你是可以直接在 Heroku 上面 run Solr 的，不過你會需要付 $20/月。

但是，我們不一定要花這種錢，其實可以用 Amazon 的 EC2 伺服器，自己手動架起一個 24小時的 Solr 伺服器。好消息是，我們已經幫你設定了一個現成的 Solr 伺服器，所以你只要把 Sunspot 裡的設定修改一下就可以了。這個只是讓你嘗試一下而已，未來還是會需要自己架設自己的 Solr 伺服器。步驟可以在網路上找到，因為有很多人都已經做過了。

接下來，我們需要把 sunspot 的 hostname 設定成遠端在 Amazon EC2 上的 Solr 伺服器。

**config/sunspot.yml**

```
production:
  solr:
    hostname: http://ec2-54-227-7-184.compute-1.amazonaws.com:8080/[YOUR
    USER NAME] #你的用戶名，記得要用你自己的喔！
    port: 8080
    log_level: WARNING
    # read_timeout: 2
    # open_timeout: 0.5

development:
  solr:
    hostname: localhost
    port: 8982
    log_level: INFO

test:
  solr:
    hostname: localhost
    port: 8981
    log_level: WARNING
```

現在設定已經完成了，我們需要在 models 裡面設定到底要搜尋什麼東西。這部分的設定也很簡單。假如，我們要用名字或 email 搜尋用戶的話，只需要在 User model 裡面這樣設定。太簡單了吧！

app/models/user.rb

```
class User < ActiveRecord::Base
  searchable do
    text :name, :email
  end
  ...
```

但是，要搜尋 Posts 會複雜一點點。我們要能搜尋內容，但是也要能搜尋作者的名字與 email，因此需要用到關聯性的設定。

app/models/post.rb

```
class Post < ActiveRecord::Base
  searchable do
    text :content
    text :user do
        [ user.name, user.email ]
    end
  end
  ...
end
```

現在我們已經設定好了想要搜尋的 models，接著需要為一開始用 populate 產生的資料建立搜尋目錄。

```
$ rake sunspot:reindex
```

我們用這個命令更新搜尋目錄。

現在我們完成了，在 console 裡面試試看！

rails console

```
User.search { fulltext "yitao" }.results
# => ...
Post.search { fulltext "something something" }.results
# => []
```

search 這個指令是 Sunspot 提供給我們來搜尋用的。接下來，要在 view 裡面加入搜尋介面。

```
app/views/posts/index.html.erb
```
```
...
<h1>Posts</h1>
<%= form_tag posts_path, method: :get do %>
  <%= text_field_tag :search %>
  <%= submit_tag "Search Posts" %>
<% end %>
<ul class="posts">
....
```

裡面的 form 的路徑是 **posts_path**，看起來就像是一個普通的路徑。但是，其中有多一個參數 search。所以，我們現在修改一下 posts#index，讓我們的頁面也可以同時顯示搜尋結果，這樣我們也不需要兩個不同的介面。

```
app/controllers/posts_controller.rb
```
```
class PostsController < ApplicationController
    def index
    if params[:search].blank? # 如果沒有搜尋的話
        @posts = Post.from_followed_users(current_user).page(params[:page]).
        order('created_at DESC') # 那就顯示所有關注用戶的短文
    else # 但是如果有搜尋的話
      @posts = Post.search do
        fulltext params[:search]
        paginate(page: params[:page])
      end.results
    end
        @post = current_user.posts.build
    end
  ...
end
```

上面的程式是指「如果 search 這個參數是空的話，那就直接顯示所有關注用戶的短文」。如果 search 參數不是空的話（代表用戶有輸入要搜尋的字串），那它就會執行 **@posts = Post.search do** 這段區塊。

現在，我們把同樣的介面加入到 users#index 裡，讓我們可以搜尋用戶。

app/views/users/index.html.erb

```
<h1>Users</h1>
<div class="container">
  <%= form_tag users_path, method: :get do %>
    <%= text_field_tag :search %>
    <%= submit_tag "Search User" %>
  <% end %>
  <ul class="users">
    <%= render partial: "shared/user", collection: @users %>
  </ul>
  <%= will_paginate @users %>
</div>
```

然後把相同的程式加到 UsersController 裡。

app/controllers/users_controller.rb

```
class UsersController < ApplicationController
  ...
  # GET /users
  # GET /users.json
  def index
    if params[:search].blank? # 如果沒有搜尋的話
      @users = User.all.page(params[:page])# 那就顯示所有用戶
    else # 如果有搜尋的話
      @users = User.search do # 那就執行搜尋
        fulltext params[:search]
        paginate(page: params[:page])
        order_by :created_at, :desc
      end.results
    end
  end
  ...
```

搜尋功能已經完成了。現在試試看吧！

# 7.4 Ajax：(即時)互動型網站

Ajax 是一個近幾年來 (2013) 一個比較創新的技術。簡單來說，當要更新網頁裡的資料時 (像重新整理的時候)，Ajax可以讓網站裡的資料局部更新，而不需要整個頁面都更新。

Ajax 是 Asynchronous JavaScript and XML（非同步 Javascript/XML 技術）的縮寫，其基本上是利用 Javascript 與 XML（但是其實通常在用 JSON 而不是 XML）來傳遞資料到 server 端，然後在頁面不需要重開的狀況下局部更新。

另外，Javascript（我們簡稱 JS）是一個 client side（用戶端）的程式。Ruby on Rails 是 server side（伺服器端）的語言，它會在伺服器那邊把程式轉換成 HTML 後送到瀏覽器裡。所以 Ruby on Rails 算是一個先天的程式語言。

JS 是用戶端的語言，代表它的功能是當資料從伺服器到用戶電腦裡的瀏覽器之後才會執行，所以比較像後天。

例如，我們今天開啟了一個頁面，然後在頁面裡的頂端設計一個下拉式選單。我們是用 JS 去讓這個下拉式選單呈現，所以當網頁資料傳送到瀏覽器裡，等待顯示在頁面上的時候，一開始下拉式選單的功能還不會啟動，直到 JS 的程式被載入之後它才可以往下拉。

所以，Ruby on Rails 是網站邏輯與功能。HTML/CSS 是為了外觀風格，那 JavaScript 就是為了（interactive interface）互動/動態介面。

接下來，請先把 Gemfile 裡面的 turbolinks 的 gem 刪除或是註解掉，然後也把它從 app/assets/javascripts/application.js 裡刪除或是註解掉。拿掉的原因是 turbolinks 會影響到我們頁面裡 javascript 的行為。

我們接下來要做的是把 Follow 與 Unfollow 一個用戶的程序變得更簡便/快速。現在，你要 Follow 一個用戶，當點擊「Follow」之後，你會被網站帶到那個用戶的頁面。這個不是很好的程序，因為如果你還在觀看一些其他的用戶的話，把你轉到你 Follow 的用戶的頁面會中斷你的閱讀。這樣，你又需要重新回到之前的頁面重新開始。

我們可以用Ajax來讓Follow/Unfollow程序不中斷。把users_controller. rb的程式修改一下。

**app/controllers/users_controller.rb**

```
...
def follow
  if request.xhr?
    render status: current_user.follow(@user) ? 200 : 400, nothing: true
    # 這一行在說，如果 view 頁面有傳來命令要關注用戶，那就執行 current_user.
    follow(@user)，那如果成功的話回覆狀態 200，也是成功的意思，那如果不成功的話
    回覆狀態400。nothing: true 是說不要做任何其他的動作。
```

```
    end
  end

  def unfollow
    if request.xhr?
      render status: current_user.unfollow(@user) ? 200 : 400, nothing:
      true
      # 這一行在說，如果 view 頁面有傳來命令要取消關注，那就執行 current_user.
      unfollow(@user)，那如果成功的話回覆狀態 200，也是成功的意思，那如果不成功
      的話回覆狀態 400。nothing: true 是說不要做任何其他的動作。
    end
  end
...
```

　　有沒有看到我們把很多部分的程式都刪除掉了。用一行就把follow以及unfollow這兩個動作簡化了。

　　現在我們要修改 app/views/shared/_user.html.erb 裡面的連接。Ajax 或 Javascript 的用法不像 Rails 或是其他的語言，它的觸發方式是去找頁面上一個特定的class、id，或是其他的標籤。例如，要一個元素變成一個 popup，那就把想要 popup 的區塊這樣標籤 `<div id="popup">` (id 不一定要取 popup，想取什麼名字就取什麼)。然後在我們的 Javascript 的程式裡指定 `id="popup"` 這個元素或是區塊。

**app/views/shared/_user.html.erb**

```
<li class="user" user_id="<%= user.id %>">
  <%= link_to gravatar_for(user), user %>
  <%= link_to user.name, user %>
    <small><%= pluralize user.posts.count, "posts" %></small><br>
    <% unless current_user?(user) %>
      <% if current_user.following?(user) %>
        <%= link_to "Unfollow", "#", class: "btn btn-small" %>
      <% else %>
        <%= link_to "Follow", "#", class: "btn btn-small btn-primary" %>
      <% end %>
    <% end %>
</li>
```

　　連接目的地要改成 `"#"`，因為我們沒有要他們連接到任何的地方，只是把這個連接作為觸發 javascript 程式的事件。

再來，我們就需要寫 Javascript 的程式了。所有重頭戲都在這。

```
app/assets/application.js
$(function() {
    $('li.user[user_id] .btn').click(function(event) {
        var $this = $(this);
        var userId = $this.parent().attr('user_id');
        if ($(this).hasClass('btn-primary')) {
            $.ajax({
                url: '/users/'+userId+'/follow',
                type: 'POST',
                success: function(data, status) {
                    $this.html('Unfollow').removeClass('btn-primary');
                },
            });
        } else {
            $.ajax({
                url: '/users/'+userId+'/unfollow',
                type: 'DELETE',
                success: function(data, status) {
                    $this.html('Follow').addClass('btn-primary');
                }
            });
        }
        event.preventDefault();
    })
});
```

這個 javascript 看得懂嗎？它與 Ruby/Rails 的程式有點不一樣，但也不是讀不了。其實你看的指令是 jQuery 指令。jQuery 是 javascript 的框架，就像 Rails 是 Ruby 的框架。它是讓 javascript 更加強大、具備更多功能。

在最上面，`$(function() {})` 是一個 jQuery 的 construct (建設者)。這個建設者的功用是說「這些程式等頁面全部載入之後執行」。`$('li.user[user_id] .btn')` 是一個 jQuery 的 CSS 比對功能。它幫我們找到在頁面上有 class 是 user，以及 attribute (屬性) 是 `user_id` 的 `<li>` 元素底下(包住)的 `btn`。

再來，我們把 listener (監聽) 的觸發事件設定為 `click`，代表「那段 javascript 程式會在點擊之後執行」。另外，我們該顯示 Follow 或是 Unfollow 會取決於那個 `btn` 的 class 是否為 `btn-primary`。

意思是說，如果你還沒有 follow 一個用戶的話，我們會用的 btn-primary 這個 class 在按鈕上，所以我們的 javascript 會去看有沒有 btn-primary 來取決你是否 follow 過這個用戶了。當你關注成功（透過 Ajax）之後，我們會更新那個 link 的文字與 class（把 btn-primary 去掉）。

最後，event.preventDefault() 會在你操作的時候防止頁面上的一些「自動化」事件(例如說當你點擊連接 link 的時候，我們不要頁面有任何的轉送或是重開)。

# 7.5　Devise用戶註冊、登入、登出Gem

這部分建議開始新網站的時候再用，原因是，我們的 FirstApp 裡面已經有很多的程式，可能會跟 Devise gem 衝突。

你記得前幾章裡，我們說明了建立用戶登入、登出與註冊的功能嗎？其實，有一個 gem 可以幫我們把這些功能在幾分鐘內做好。我們之前手動寫出那個功能的原因是，那是比較好的學習方式。當我們對 Ruby on Rails 有一定的基礎的時候，我們可以用 devise 這個現成的 gem 來把用戶登入、登出與註冊的功能完成。

以下說明安裝Devise的程序(或是看這裡 https://github.com/plataformatec/devise)。

1. 在 Gemfile 裡加入 gem 'devise'。

2. bundle install。

3. rails generate devise:install。

4. rails generate devise User。

5. rake db:migrate。

Devise 用的一些路徑 path 與我們之前用的不一樣，例如，它的登入 path 是 new_user_session_path，還有它的註冊 path 是 new_user_registration_path，登出是 destroy_user_session_path。所有當你在重新做的時候，要記得。

另外，Devise 還有一些預設 methods 給你用：

要用戶先登入。可以設定哪一些 actions 一定要用戶登入(我們之前也有手動寫)。

```
before_filter :authenticate_user!
```

看一個用戶有沒有登入。

```
user_signed_in?
```

找到現在登入的用戶(我們之前也有手動寫)。

```
current_user
```

你可以用這個指令來看用戶的 session。

```
user_session
```

如果有問題的話，可以看看 Devise 的 Github 頁面: https://github.com/plataformatec/devise。

就這樣啦！嘗試看看，看你可不可以把 Devise gem 設定成功！

# CHAPTER 08

# 除錯與測試

這一章節特別重要，因為大多數寫程式的時間其實都在除錯（Debugging）。所謂的高手其實就是很會抓「蟲」（debug）的高手。所以，一個很重要的技巧是要懂得怎麼找尋答案與解決方式。

其實，大致上最好的除錯方式是 Google 搜尋出現的錯誤訊息。大多數的時間，你的答案會在 StackOverflow.com 或是在 Github.com（如果問題發生在作者的 Gem 上）。StackOverflow.com 是工程師最好的朋友。它是專門的一個程式問答的論壇。近幾年，學寫程式變得簡單，大部分也要歸功於 StackOverflow.com。

# 8.1　線上除錯

最簡單除錯的方式就是直接看 Rails 回覆的錯誤訊息。但是，我們可以把回覆的錯誤訊息變得更加豐富。只要安裝 better_errors 與 binding_of_caller 兩個 gems 就可以了。

```
Gemfile
# Display full error context
gem 'better_errors', group: :development
gem 'binding_of_caller', group: :development
```

bundle install 之後，重新開啟你的 server。

你可以嘗試發生錯誤看看，你會看到 better_errors 會顯示一個互動型的錯誤頁面。另外，better_errors 只能在 localhost 底下顯示(就是在你的電腦裡面)，如果你是在遠端的伺服器裡面用，它的畫面不會顯示。

# 8.2　檢視錯誤記錄

當我們的網站已經上線了，錯誤發生時，我們不能像在開發的環境裡，直接看到錯誤。所以，我們需要仰賴錯誤記錄。Rails 會儲存很多的紀錄在 log 檔案夾裡。你可以在 log/development.log 裡面看到許多的系統程序與錯誤記錄。以下的資料就是從 development.log 裡拿出來的。

## log/development.log

```
Started GET "/posts?utf8=%E2%9C%93&search=Ed&commit=Search+Posts" for
127.0.0.1 at 2013-08-31 02:37:45 +0800
Processing by PostsController#index as HTML
  Parameters: {"utf8"=>"✓", "search"=>"Ed", "commit"=>"Search Posts"}
  User Load (0.3ms)  SELECT "users".* FROM "users" WHERE "users"."session_
  token" = '67f1d097c236816764fec794f088a991cf3dbedf' LIMIT 1
  SOLR Request (113.2ms)  [ path=#<RSolr::Client:0x007ff447a43380>
  parameters={data: fq=type%3APost&sort=created_at_d+desc&q=Ed&fl=%2A+
  score&qf=content_text+user_text&defType=dismax&start=0&rows=30, method:
  post, params: {:wt=>:ruby}, query: wt=ruby, headers: {"Content-Type"=>
  "application/x-www-form-urlencoded; charset=UTF-8"}, path: select, uri:
  http://localhost:8982/solr/select?wt=ruby, open_timeout: , read_timeout: ,
  retry_503: , retry_after_limit: } ]
DEPRECATION WARNING: Relation#all is deprecated. If you want to eager-load
a relation, you can call #load (e.g. `Post.where(published: true).load`).
If you want to get an array of records from a relation, you can call #to_
a (e.g. `Post.where(published: true).to_a`). (called from index at /Users/
yitaosun/Sites/codecamp/lesson8/app/controllers/posts_controller.rb:6)
  Post Load (0.3ms)  SELECT "posts".* FROM "posts" WHERE "posts"."id" IN
  (868, 923, 794, 537, 539, 251, 265, 90)
   (0.1ms)  SELECT COUNT(*) FROM "posts" WHERE "posts"."user_id" = ?
  [["user_id", 1]]
   (0.1ms)  SELECT COUNT(*) FROM "users" INNER JOIN "followings" ON
  "users"."id" = "followings"."from_id" WHERE "followings"."to_id" = ?
  [["to_id", 1]]
   (0.1ms)  SELECT COUNT(*) FROM "users" INNER JOIN "followings" ON
  "users"."id" = "followings"."to_id" WHERE "followings"."from_id" = ?
  [["from_id", 1]]
  Rendered shared/_user_info.html.erb (4.2ms)
  Rendered shared/_form_errors.html.erb (0.0ms)
  User Load (0.1ms)  SELECT "users".* FROM "users" WHERE "users"."id" = ?
  ORDER BY "users"."id" ASC LIMIT 1  [["id", 2]]
  CACHE (0.0ms)  SELECT "users".* FROM "users" WHERE "users"."id" = ?
  ORDER BY "users"."id" ASC LIMIT 1  [["id", 2]]
  CACHE (0.0ms)  SELECT "users".* FROM "users" WHERE "users"."id" = ?
  ORDER BY "users"."id" ASC LIMIT 1  [["id", 2]]
  CACHE (0.0ms)  SELECT "users".* FROM "users" WHERE "users"."id" = ?
  ORDER BY "users"."id" ASC LIMIT 1  [["id", 2]]
  CACHE (0.0ms)  SELECT "users".* FROM "users" WHERE "users"."id" = ?
  ORDER BY "users"."id" ASC LIMIT 1  [["id", 2]]
  CACHE (0.0ms)  SELECT "users".* FROM "users" WHERE "users"."id" = ?
  ORDER BY "users"."id" ASC LIMIT 1  [["id", 2]]
  CACHE (0.0ms)  SELECT "users".* FROM "users" WHERE "users"."id" = ?
  ORDER BY "users"."id" ASC LIMIT 1  [["id", 2]]
  CACHE (0.0ms)  SELECT "users".* FROM "users" WHERE "users"."id" = ?
  ORDER BY "users"."id" ASC LIMIT 1  [["id", 2]]
  CACHE (0.0ms)  SELECT "users".* FROM "users" WHERE "users"."id" = ?
  ORDER BY "users"."id" ASC LIMIT 1  [["id", 2]]
  Rendered shared/_post.html.erb (9.6ms)
```

```
Rendered posts/index.html.erb within layouts/application (17.2ms) Completed
200 OK in 172ms (Views: 49.2ms | ActiveRecord: 1.1ms | Solr: 114.7ms)
```

因為我們的上線網站架在 Heroku，所以 production（上線）的紀錄都在遠端
（Heroku）。當我們要讀取最後 500 行的記錄時，可以這樣做。

```
$ heroku logs -n 500
...
2013-08-30T07:37:15.322129+00:00 heroku[router]: at=info method=GET
path=/issues?auth_token=1b5e3c14ae1e67c325b08d123bf8e85d69c6db6e&lng=121.
55859600752592&lat=25.046407940052717 host=oodle-api.herokuapp.com fwd=
"114.45.46.226" dyno=web.1 connect=2ms service=28ms status=200 bytes=1198
2013-08-30T07:37:38.974171+00:00 heroku[router]: at=info method=POST
path=/issues host=oodle-api.herokuapp.com fwd="114.45.46.226" dyno=web.1
connect=2ms service=371ms status=400 bytes=88
2013-08-30T07:38:18.651146+00:00 heroku[router]: at=info method=GET path=/
issues/492/answers?auth_token=1b5e3c14ae1e67c325b08d123bf8e85d69c6db6e
host=oodle-api.herokuapp.com fwd="114.45.46.226" dyno=web.1 connect=1ms
service=61ms status=200 bytes=177
2013-08-30T07:38:06.730300+00:00 heroku[router]: at=info method=GET path=/
issues/501/answers?auth_token=1b5e3c14ae1e67c325b08d123bf8e85d69c6db6e
host=oodle-api.herokuapp.com fwd="114.45.46.226" dyno=web.1 connect=3ms
service=73ms status=200 bytes=139
2013-08-30T08:41:59.164394+00:00 heroku[web.1]: Idling
2013-08-30T08:42:01.804328+00:00 heroku[web.1]: Stopping all processes
with SIGTERM
2013-08-30T08:42:02.490029+00:00 app[web.1]:  /app/vendor/ruby-1.9.3/lib/
ruby/1.9.1/webrick/server.rb:98:in `select'
2013-08-30T08:42:02.490029+00:00 app[web.1]: [2013-08-30 08:42:02] ERROR
SignalException: SIGTERM
2013-08-30T08:42:12.334185+00:00 heroku[web.1]: Error R12 (Exit timeout)
-> At least one process failed to exit within 10 seconds of SIGTERM
2013-08-30T08:42:12.334358+00:00 heroku[web.1]: Stopping remaining processes
with SIGKILL
2013-08-30T08:42:14.231763+00:00 heroku[web.1]: Process exited with status 137
2013-08-30T08:42:14.246287+00:00 heroku[web.1]: State changed from up to down
```

如果所有的訊息一次出來看不完的話，你可以執行 `heroku logs -n 500 |
more`，這樣可以一頁一頁地閱讀記錄裡的資料。`|` 這個指令是表示「等一跑完
`|` 前面的指令之後，再跑 `|` 之後的指令」。`more` 就是「把輸出資料分頁」。

這樣我們就可以按照發生的錯誤去修我們的程式。

# 8.3 網站功能自動化測試

就像在上線與開發環境裡，test (測試)會在它自己的環境裡面運作。環境與環境之間也會有不同的設定(像是 config/environments/production.rb、development.rb、test.rb。環境跟環境之間的資料都是分開的。

Test 環境其實就是讓我們給 App 壓力測試用的。當在開發網站的時候，我們一定會手動測試所有建立的功能。但是，我們應該需要在上線之前把可能的問題找出來，所以必須要有方法在我們的測試環境裡模擬上線之後的環境。

就算我們怎麼努力手動測試，還是一定會有很多的細節可能會漏掉。因為，當你的網站裡的資料越來越多，用戶的使用方法越來越複雜，你寫的程式很有可能會遇到缺陷。所以，如果你的 App 非常複雜，那或許你可以考慮在開發的同時，給你的 App 實行壓力測試。

我們的測試環境會有幾個不同的部分。以下一一介紹。先把需要的 gem 加進去。

**Gemfile**

```
...
# RSpec testing framework
gem 'rspec-rails', group: [ :development, :test ]

# Testing for Humans
gem 'capybara', group: :test

# Testing Javascript execution
gem 'selenium-webdriver', group: :test

# Create fixtures for testing
gem 'factory_girl_rails', '~> 4.0', group: :test

# Launch pages during testing
gem 'launchy'

# Clear fixtures from database between tests
gem 'database_cleaner', '1.0.0.RC1'
...
```

Rspec 是用來建立我們測試環境的框架。Capybara 是建立測試案例的程式語言，像是 `click_button "Save"` (系統自動點擊按鈕) 或是 `page.should have_content("Please signin")` (頁面必須需要內容 "Please signin")。

在我們 `bundle install` 之後，我們就可以安裝 Rspec 了。

```
$ rails generate rspec:install
```

再來，我們先把 RSpec 的設定稍微修改一下。把下面的程式加到 `spec_helper` 裡面。

**spec/spec_helper.rb**
```
...
RSpec.configure do |config|
  ...

  # Use Capybara syntax
  config.include Capybara::DSL
  # Use short-hand FactoryGirl syntax
  config.include FactoryGirl::Syntax::Methods
end
```

現在，我們可以開始我們的網站測試了。

```
$ rails generate integration_test user
```

我們來看一下我們的測試程式檔案。

**spec/requests/users_spec.rb**
```
require 'spec_helper'

describe "Users" do
  describe "GET /users" do
    it "works! (now write some real specs)" do
      # Run the generator again with the --webrat flag if you want to use
      webrat methods/matchers
      get users_path
      response.status.should be(200)
    end
  end
end
```

1. describe "Users" 這段是在說「我們的測試要針對 users (用戶資料)」。

2. describe "GET /users" do 的意思是說「我們要測試的頁面 (或者是 action) 是 users#index」。

3. it "works! (now write some real specs)" do 只是在形容我們接下來要做的測試。

4. 接下來,我們的測試是:「試試看訪問 users#index,用 HTTP GET 的模式」,然後返回值應該要是 HTTP code 200 (就是說我們的頁面開啟沒有問題)。

這一個測試基本上就是在看 users#index 這個頁面有沒有辦法開啟。

再來,我們來想一些比較會用到的測試,但是不用先寫出來。以下是一些筆者能想出來的。

**spec/requests/users_spec.rb**

```ruby
require 'spec_helper'

describe "Users" do
    describe "POST /users" do
        it "registers" do # 能不能註冊
        end

        it "does not allow blank name" do # 不能有空白名字
        end

        it "does not allow duplicate email" do # 不能有重複的 email
        end

        it "does not allow incorrect email format" do # 必須要有正確的 email
                                                      #  格式
        end

        it "does not allow mis-match password and password confirmation" do
        # 不能允許密碼確認錯誤
        end
    end

    describe "GET /users/1" do
    it "redirects to sign-in" do # 可以轉送到登入頁面
    end
```

173

```
    it "shows" do # 確定可以顯示頁面
    end
    end

  describe "GET /users" do
    it "redirects to sign-in" do # 可以轉送到登入頁面
    end

    it "indexes" do # 可以成功建立 index（索引值）
    end

    it "searches names" do # 可以搜尋用戶
    end
  end

  describe "GET /users/1/followers" do
    it "redirects to sign-in" do # 可以轉送到登入頁面
    end

    it "lists" do # 可以列出被關注用戶資料
    end
  end

  describe "POST /users/1/follow", js: true do # 可以關注
    it "follows" do
      end
  end

  describe "DELETE /users/1/unfollow", js: true do # 可以取消關注
    it "unfollows" do
      end
  end

  describe "GET /users/1/followings" do
    it "redirects to sign-in" do # 可以轉送到登入頁面
    end

    it "lists" do # 可以列出關注用戶資料
    end
  end
end
```

　　在開始寫我們的測試之前，需要先設定 factory_girl gem，這樣我們才可以
建立一些暫時的用戶、短文以及關注關係。

為什麼我們有了 populate script (元件) ，還需要用 factory_girl。原因是，populate script 只是一個基本的資料建立程式。它可以建立非常基本的資料架構，好讓我們在開發環境裡面用。但是，有時候有些測試用例需要用到一些比較客制化資料設定。所以，標準的 populate script 沒有辦法用在我們所有的測試用例上。

簡單地說，就是 Factory Girl 給我們更多的彈性去建立資料。

接下來，我們來建立一些資料。在 Factory Girl 裡面，它的建立資料 method 叫做「factory」，就是工廠的意思。所以我們要幫我們網站裡面的類別/物件建立資料「工廠」。

**spec/factories.rb**

```ruby
FactoryGirl.define do
  factory :user do
    sequence :name do |n|
        "user_#{n}"
    end
    sequence :email do |n|
        "user_#{n}@example.com"
    end
    password "password"
    password_confirmation "password"
  end

  factory :post do
    user
    content Faker::Lorem.sentence
  end

  factory :following do
    association :from, factory: :user
    association :to, factory: :user
  end
end
```

在上面的程式裡，我們幫 users (用戶)、posts (短文)與 followings (關注關係) 各自建立了 factory。在每一個建立程式裡面，設定了 Factory Girl 怎麼幫我們建立資料/屬性的內容。

例如，我們設定每一個用戶的密碼都會是 "password"（password "password"）。

另外，sequence :name do |n|; "user_#{n}"; end 會把每一個用戶按照順序（sequence）取名字，如 "user_1"、"user_2" 等等。

還有，我們也需要設定每一個短文都需要屬於一個用戶，所以當建立一個短文的時候，都會建立一個新的用戶。

最後，在 :following 的工廠程式裡，我們每建立一組關注關係，就會建立出相對應的兩個用戶。還有我們在這裡建立的用戶有特別指定用要用 factory: :user（我們設定的用戶建立程式）。

現在，系統裡面有了資料，我們回來 users_spec.rb 試試看一個簡單的測試。

**spec/requests/users_spec.rb**

```
require 'spec_helper'

describe "Users" do
    describe "POST /users" do
        it "registers" do
            new_user = build(:user)
            visit new_user_path
            fill_in :user_name, with: new_user.name
            fill_in :user_email, with: new_user.email
            fill_in :user_password, with: new_user.password
            fill_in :user_password_confirmation, with: new_user.password
            click_button "Register"
            page.should have_content("Welcome, #{new_user.name}!")
        end
    end

    ...
end
```

在測試裡面，我們用 FactoryGirl 的 build 建立了一個 new_user。這個裡面的 build 與我們之前用的 build 有點像，但是在這個情況，FactoryGirl 會幫我們把所有的欄位都填滿。再來，visit new_user_path 就是向系統指示到這個網址（這個都是在幕後的，像是一個看不見的虛擬瀏覽器）。載入頁面之後，我們用 fill_in 的指令把所有的註冊資料都填入。

　　每一行 `fill_in` 的指令的第一個參數都是選擇那個屬性或是輸入欄位的 DOM/HTML id 或者是名字。

　　第二個引數 `with:` ... 是在設定我們要用什麼資料填欄位。所以,基本上就是在用我們的程式手動輸入註冊單。

　　當結束以後,我們的程式會點擊 "Register" 的按鈕,然後檢視頁面有沒有呈現字串:"Welcome, #{new_user.name}"。

　　在執行之前,我們也要先開啟測試環境的 solr 伺服器。

```
$ RAILS_ENV=test rake sunspot:solr:run
```

　　然後就可以執行測驗了。

```
$ rake spec
```

　　我們的 test 應該可以執行成功。

　　接下來,我們再來試試看另一個 User 的測試。我們把 `users_spec.rb` 稍微改變一下。

**spec/requests/users_spec.rb**

```
require 'spec_helper'

describe "Users" do
    let(:user) { create(:user) }

  ...

    describe "POST /users" do
        it "does not allow duplicate email" do
            new_user = build(:user)
            visit new_user_path
            fill_in :user_name, with: new_user.name
            # Fill in everything correctly except use an existing email
            fill_in :user_email, with: user.email
            fill_in :user_password, with: new_user.password
            fill_in :user_password_confirmation, with: new_user.password
            click_button "Register"
            page.should have_content("Email has already been taken")
        end
    end
```

你可以看到我們加了一個 let(:user) {create(:user)} 在最上方。這個與 controller 裡面的 before_action 很像。這行就是說，「在測試之前，請建立一個新的用戶」。

這個測試與我們的註冊測試完全一樣，唯一的差別是我們用的註冊資料裡面，唯有 email 是故意用已經存在的（不是用 new_user.email，反而用 user.email）。當我們執行這個測試的時候，系統應該要回覆我們 "Email has already been taken"。

我們再來試試看。

```
$ rake spec
```

我們還建立了其他的測試。你可以到 Codecamp 的 Github 裡 https://github.com/codecampio/codecamp 去看看。

# 詞彙表

| 英文 | 中文 | 英文 | 中文 |
|---|---|---|---|
| action | 動作 | handler | 處理程序 |
| arguments | 引數 | hash | 雜湊 |
| array | 陣列 | header | 頂部 |
| assignements | 賦值 | helper | 幫手 |
| association | 關聯性 | heroku | 架站平台 |
| attribute | 屬性 | index | 目錄/索引值 |
| block | 區塊 | inheritance | 繼承性 |
| bundle | 包裝/設定 | inspect | 檢查 |
| callback | 回呼 | instance | 實例 |
| class | 類別 | integer | 整數 |
| column | 欄位 | interpolation | 偏好字串插值 |
| comment | 註解 | key | 標籤 |
| concatenate | 串連 | login | 登入 |
| conditional statement | 條件性聲明 | manual | 手動 |
| config/configuration | 設定 | method | 方法 |
| confirmation | 確認 | migrate/migration | 遷移 |
| console | 主控台 | mixin | 隨插即用插件 |
| constructor | 建設函式 | model | 模型 |
| concatenate operator | 字串串連命令 | module | 模組 |
| controller | 控制器 | new | 創新 |
| create | 建立 | open-source | 開放原始碼 |
| data | 資料 | operators | 運算子 |
| database | 資料庫 | parameters | 參數 |
| debug | 除錯 | parent | 父類別 |
| destroy | 刪除 | password | 密碼 |
| development | 開發 | populate | 填充 |
| digest | 文摘 | precondition | 前提 |
| edit | 修改 | production | 上線環境 |
| element | 元素 | range | 範圍 |
| environment | 環境 | record | 記錄 |
| flash | 快閃訊息 | references | 參考 |
| footer | 底部 | regular expression/regex | 字串樣版 |
| form | 表格 | relationship | 關係 |
| format | 格式 | resource | 資源 |
| function | 函式 | return | 返回 |
| gems/plugins | 插件 | return value | 返回值 |
| generator | 建立函式 | rollback | 回溯 |
| github | App 備份平台 | route | 路徑 |

179

| 英文 | 中文 |
|---|---|
| row | 行 |
| save | 儲存 |
| scaffold | 架構 |
| sequence | 順序 |
| server | 伺服器 |
| session | 時域/會話 |
| show | 顯示 |
| source | 根源 |
| string | 字串 |
| stylesheet | 風格檔案 |
| symbol | 符號 |
| table | 表 |
| tag | 標籤 |
| template | 模板 |
| test | 測試 |
| test operators | 測試運算子 |
| timestamp | 時間點 |
| token | 代幣 |
| unique/uniqueness | 獨特性 |
| update | 更新 |
| user | 用戶 |
| validation | 驗證 |
| value | 值 |
| variable | 變數 |

# 中文原創經典系列

　　「中文原創經典」是博碩文化針對IT類中文書籍所規劃的經典系列，本系列的書籍都是作者多年來的智慧結晶，不但經得起時間的考驗，也是難得一見的作品。

　　有別於「名家名著」系列，本系列的原文即為中文，因此語法上更適合台灣人閱讀，採用的案例也更接近於您所接觸的專案。

程式碼的可讀性、可擴展性、可測試性是攸關程式碼品質的重要參考指標，而本書即要教您如何寫好程式。

書號：MP11615
定價：260元

為您抽絲剝繭揭程式碼背後少為人知的本質與電腦系統運作機制。

書號：MP11527
定價：490元

當高深的程式設計思想遇到個性鮮明的標點符號，一場精彩又深入淺出的課程就此展開...

書號：MP11526
定價：490元

我們需要的是一本真正適用於台灣真實情況的重構書籍，而本書就是您最佳的選擇。

書號：PG21454
定價：390元

很難想像，在一個簡單的專案中也能把GoF的23個模式都套用進去，但這本書幾乎做到了！

書號：MP21515
定價：490元

# 讀者回函

讀者回函

感謝您購買本公司出版的書，您的意見對我們非常重要！由於您寶貴的建議，我們才得以不斷地推陳出新，繼續出版更實用、精緻的圖書。因此，請填妥下列資料(也可直接貼上名片)，寄回本公司(免貼郵票)，您將不定期收到最新的圖書資料！

購買書號：　　　　　書名：

姓　　名：_____

職　　業：□上班族　　□教師　　　□學生　　　□工程師　　□其它

學　　歷：□研究所　　□大學　　　□專科　　　□高中職　　□其它

年　　齡：□10~20　　□20~30　　□30~40　　□40~50　　□50~

單　　位：_____　部門科系：_____

職　　稱：_____　聯絡電話：_____

電子郵件：_____

通訊住址：□□□ _____

## 您從何處購買此書：

□書局 _____　□電腦店 _____　□展覽 _____　□其他 _____

## 您覺得本書的品質：

內容方面：　□很好　　　　□好　　　　□尚可　　　　□差

排版方面：　□很好　　　　□好　　　　□尚可　　　　□差

印刷方面：　□很好　　　　□好　　　　□尚可　　　　□差

紙張方面：　□很好　　　　□好　　　　□尚可　　　　□差

您最喜歡本書的地方：_____

您最不喜歡本書的地方：_____

假如請您對本書評分，您會給(0~100分)：_____ 分

您最希望我們出版那些電腦書籍：


請將您對本書的意見告訴我們：


您有寫作的點子嗎？□無　□有　專長領域：_____

歡迎您加入博碩文化的行列哦！

請沿虛線剪下寄回本公司

Give Us a Piece of Your Mind

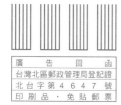

**221**

博碩文化股份有限公司　產品部

台灣新北市汐止區新台五路一段112號10樓A棟

博碩文化

博碩文化

博碩文化

博碩文化